Wer nicht neugierig ist, erfährt nichts.

Johann Wolfgang von Goethe

Ich wünsche mir, dass in
Altenheimen, Pflegestationen und
Hospizen endlich

– ganz selbstverständlich –

WLAN verfügbar wäre. Denn das gehört inzwischen zum Lebensalltag.

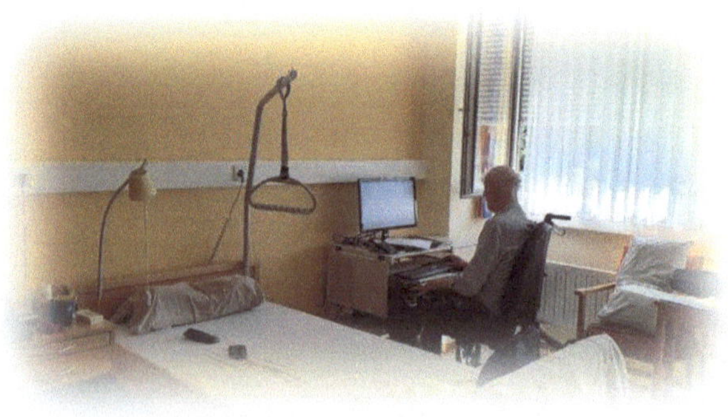

Alfred, 94 – 6 Tage vor seinem Tod in der Pflegeabteilung

Monika Sintram-Meyer

WISCHEN . TASTEN . SYMBOLE

Tipps, Tricks und Lernstrategie 50+

Die etwas andere Anleitung für Smartphone und PC

www.tredition.de

Verlag & Druck: tredition GmbH, Halenreie 40-44, 22359 Hamburg

ISBN 978-3-347-14624-2 (Paperback)
ISBN 978-3-347-14625-9 (Hardcover)

Inhalt

Vorwort

Und wo finde ich mein Ticket, falls ich die App aus Versehen geschlossen habe? Bei den 3 Strichen! Die 3 Striche? Wie, wo? Ich kenne diese erstaunten Ausrufe. Mir selbst erging es so. Dieses Symbol wurde lange übersehen – oder ignoriert? Bis ich irgendwann genauer hinsah und staunte, was sich dahinter verbirgt: In diesem Beispiel das Menü der App des ÖPNV meiner Region. Das Abenteuer der ersten Bahnfahrt mit einem elektronischen Ticket konnte beginnen. Enttäuscht war meine Freundin nur darüber, dass keine Fahrkartenkontrolle stattfand.

Symbole begleiten die Menschen seit Urzeiten. Das ist in der modernen Welt nicht anders. Wie schon früher finden wir Symbole, die durch ihre Bildsprache selbsterklärend sind. Andere Zeichen erschließen sich in ihrer Bedeutung nicht sofort. Ganz bewusst habe ich die Zeichen und Symbole nicht nach ihrer Funktion, sondern deren Aussehen sortiert. Ich möchte gerade auf die oft übersehenen Symbole - wie die drei Striche - oder aber Möglichkeiten der Tastatur aufmerksam machen. Im Nachhinein erschließen sich so viele Alternativen innerhalb der Anwendungen.

Wer sich in der digitalen Welt bewegt – sei es mit Smartphone, Tablet oder anderen Geräten – stößt immer wieder auf die vorgestellten Zeichen oder Tasten. Viele Menschen haben Angst, darauf zu drücken oder zu wischen. Sie vermuten, dass gleich etwas passiert, was sich nicht mehr rückgängig machen ließe. Das ist in seltenen Fällen tatsächlich so. Nicht immer lässt sich das Löschen ohne Weiteres rückgängig machen. Allerdings wird in der Regel nachgefragt, ob das entsprechende Bild oder Dokument tatsächlich gelöscht werden soll. Also seien sie vorsichtig bei diesem Symbol:

Sie ahnen es sicher – das Zeichen für das Löschen ist eine Abfalltonne – der Papierkorb. Das leuchtet ein und lässt sich gut merken: Ab in die Tonne mit dem Foto, der Mail, dem Dokument. Ähnlich verhält es sich mit den meisten anderen Symbolen. Einmal angewendet und das Prinzip verstanden, erkennt man das gleiche Bild oft auch in anderen Zusammenhängen. Der jeweilige Sinn erschließt sich dann viel besser. Interessant dabei ist, dass Vieles aus der alten analogen Welt bekannt ist. Wir sprechen beispielsweise vom Auflegen, wenn wir ein

Telefongespräch beenden, auch wenn beim Smartphone nur auf das rote Telefonhörer-Symbol getippt wird. Und das zugehörige Bild selbst zeigt übrigens den alten Hörer der Telefone mit Wählscheibe – liegend.

Einige Symbole erscheinen dagegen zunächst so unscheinbar, dass wir sie leicht übersehen, wie die 3 Striche oder 3 Punkte. Dabei könnten sich dahinter wichtige Funktionen verbergen. Versuchen Sie deshalb, sich einfach einmal Zeit zu nehmen und den Bildschirm mit der geöffneten Mail, Internetseite oder einem Dokument ganz genau anzusehen. Achten Sie dabei ganz besonders auf die Ränder oben, unten, links, rechts. Entsprechendes ist auch für geöffnete Apps empfehlenswert. Nicht nur ins Zentrum sehen, sondern gerade auch in die äußeren Bereiche. Sie werden sich wundern, was es zu entdecken gibt. Auch ich sehe, oft zufällig, immer wieder Neues.

Ich werde in diesem Buch nicht alle Symbole vorstellen, sondern nur die – aus meiner beschränkten Sicht – wichtigsten. Meine Erfahrungen beruhen auf **Windows-Notebooks und Android-Smartphones und Tablets.**

Mein Konzept

Die ersten Tasten und Symbole - Schaltflächen und Schieberegler - die ich beschreibe, führen zu Veränderungen der Einstellungen bei Tablet und Smartphone. Deshalb mein Tipp: Merken Sie sich die bestehende Einstellung, damit Sie diese gegebenenfalls wiederherstellen können. Dabei können Ihnen sogenannte Screenshots – Schnappschüsse des aktuellen Bildschirms – helfen. Auch diese werden mit den realen Tasten dieser modernen Geräte gemacht. Deshalb werden die Bildschirmfotos bereits zu Beginn beschrieben.

Die anderen Symbole liefern dagegen nur weitere Optionen oder Informationen. Also seien Sie neugierig und entdecken die Möglichkeiten Ihrer Geräte, sowie der geladenen Apps.

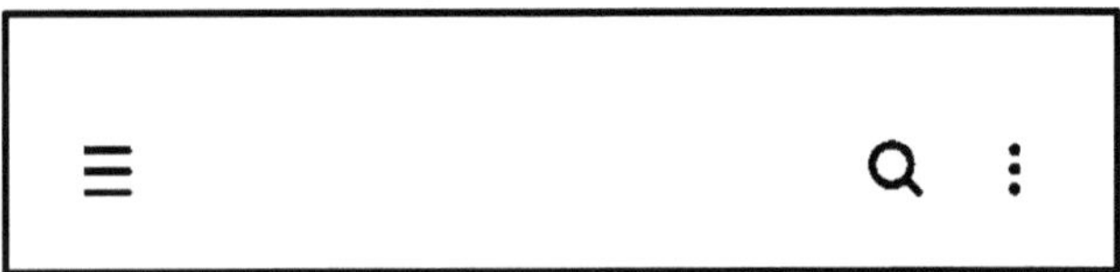

Die von mir gemachten Screenshots sind symbolischer Natur und können je nach Gerät und Aktualisierungszustand der Apps abweichen. Prinzipiell wird es aber bei Ihnen ähnlich aussehen. Sehen Sie bitte immer genau hin.

Zunächst also beschreibe ich grundsätzliche – aus meiner Sicht – wichtige Techniken im Arbeiten mit Smartphone und Tablet. Es folgen typische Symbole, die nicht nach deren Funktion, sondern Aussehen geordnet sind.

Es folgen die **smarte**, sowie die **PC-Tastatur** mit besonderen Tasten, deren Funktion nicht sofort ersichtlich ist. Ergänzt wird das Ganze durch die Handhabung der Computer-Maus (bei Geräten mit Windows-Betriebssystem). Da wir älteren Menschen uns mit Neuem manchmal etwas schwertun, habe ich ein Lernkonzept entwickelt.

Wichtige Hinweise:

Wenn ich von **Notebook, Laptop, Computer und/oder PC** spreche, meine ich die **stationären** Geräte, die viele von uns schon kennen. Sie arbeiten mit **WINDOWS** als Betriebssystem.

Smarte – intelligente und mobile - Geräte dagegen sind das noch relativ neue **Smartphone und Tablet**, die mit **ANDROID** als Betriebssystem arbeiten.

Betriebssysteme (Windows, Android) kann ich mir wie einen Motor vorstellen, der das Gerät zum Laufen bringt.

Aber: Auch wenn wir Laien meist zwischen Computern (stationäre Geräte) und mobilen Geräten unterscheiden: **COMPUTER sind sie ALLE**, denn ein Computer ist nichts anderes als ein **RECHNER**, der digitale Daten verarbeitet. Auch moderne Autos, Waschmaschinen, Fernseher, sowie viele andere Geräte sind zwar keine Computer, enthalten diese aber zur Steuerung ihrer Anwendungen.

Manches - wie beispielsweise Symbole - ist bei beiden oben genannten Gerätegruppen ähnlich oder identisch. Anderes - wie das Wischen - gibt es nur beim mobilen Gerätetyp. Ich versuche deutlich zu machen, welches Gerät ich jeweils beschreibe, sofern es Unterschiede gibt.

Auf die inzwischen weiter auf den Markt drängenden Tablets mit Stift gehe ich bewusst nicht näher ein. Nur so viel: Er ersetzt den direkten Kontakt des Fingers mit dem Bildschirm und kann auch als Fernbedienung - für die Kamera - genutzt werden.

Weitergehende Erläuterungen und Verweise in den einzelnen Abschnitten kennzeichne ich mit einem Pfeil, sowie dem entsprechenden Kapitel. Hier ein Beispiel:

→ **Lernstrategie**

Am Ende finden Sie ein umfangreiches **Stichwortverzeichnis**, in dem Sie auch beschriebene Funktionen finden können.

Sie können also – je nach Bedarf – im **Inhaltsverzeichnis** nachschlagen, welche Bedeutung die Büroklammer hat. Sie würden, so hoffe ich, das Kapitel **„Bilder, die sich – fast – selbst erklären"** wählen.

Oder, Sie fragen sich, wie Sie ein Dokument mit Hilfe einer E-Mail als Anhang verschicken können? Dann suchen Sie im Stichwortverzeichnis den Begriff **„Anhang"**. Beide Vorgehensweisen führen zum Ziel.

Natürlich können Sie das Buch auch zunächst einmal von vorne bis hinten lesen, um einen Eindruck von dessen Inhalt zu bekommen.

Durch diese von mir gewählte völlig andere Herangehensweise einer Anleitung erscheint Ihnen das Buch teilweise vielleicht chaotisch. Ich denke aber, dass sich so auch viele Vorteile ergeben. Probieren Sie es einfach aus.

Da die Möglichkeiten der Anwendungen und Einstellungen fast grenzenlos sind, kann ich hier nur einen kleinen Eindruck vermitteln. Wer erst einmal angefangen hat, entdeckt immer wieder Neues.

Und denken Sie bitte daran: Man muss nicht alles machen, was möglich ist. Und niemand zwingt Sie – ein weit verbreitetes Vorurteil – unterwegs ständig auf das Smartphone zu sehen. Also laufen Sie bitte nicht gegen den nächsten Laternenmast.

Smartphone: Tasten und virtuelle Schalter

Geräte müssen eingeschaltet werden. Bei einem Notebook ist dies ganz einfach. Man drückt auf den entsprechenden Knopf und es geht los.

Es gibt es ganz viele Geräte, auf denen ich das folgende Symbol sehe:

Ich finde es zum Beispiel am Küchenherd, der elektrischen Zahnbürste oder dem Smartphone in ROT beim Ausschalten.

Farblich kann es unterschiedlich gestaltet sein, aber prinzipiell bleibt es **das** Symbol zum Ein- und Ausschalten.

Einschalttaste an Smartphone und Tablet

Bei Smartphones und Tablets ist das Einschalten etwas „komplizierter". Die entsprechende Taste muss einige Sekunden gedrückt bleiben, bevor das Gerät hochfährt, also startet. Anfänger kommen meist nicht darauf und sind genervt. Mir ging es nicht anders. Aber wenn man über den Sinn dieser

Aktion nachdenkt, beurteilt man diese Vorgehensweise schon anders. Anders als beim Notebook befinden sich die Tasten außen am Gerät. Sie werden auch physische Tasten genannt, da sie real sind. Man kann sie anfassen und fühlen. Das Smartphone wandert in die Jackentasche oder Handtasche. Stellen Sie sich vor, schon bei geringster kurzzeitiger Berührung würde sich das Gerät einstellen oder ausstellen. Irgendwann wollen sie es benutzen und stellen fest, dass der Akku fast leer ist. Oder es hat sich ausgeschaltet. Wem das klar geworden ist verinnerlicht diese Besonderheit schnell und ist froh darüber.

Screenshot – der Bildschirm als Foto

Die realen Tasten werden auch benötigt, um einen Screenshot (sprich: Skrienschott) zu machen. Das ist ein Schnappschuss des Bildschirmes. Ich muss dazu meistens gleichzeitig 2 Tasten drücken. Diese sind häufig die Home-Taste (unten in der Mitte) und der Ein-Aus-Schalter rechts. Aber informieren Sie sich, wie man bei Ihrem Gerät vorgehen muss. Manche Geräte haben auch Assistenzsysteme, die diesen Vorgang vereinfachen. Wenn der Bildschirm in einem Rahmen gewissermaßen aufblitzt, ist es gelungen. Das Ergebnis ist ein Foto, das den Bildschirm im Moment des Auslösens zeigt. Sie finden dieses Foto je nach Gerät vermutlich in der Fotogalerie. Dort wird unterschieden zwischen

Bildern der Kamera, die ich also mit dem Gerät selbst fotografiert habe, Downloads – Bilder, die ich zum Beispiel über Bluetooth von einem anderen Gerät erhalten habe, und Screenshots.

Ein Screenshot ist sinnvoll, um eine bestehende Einstellung zu protokollieren, damit ich nach etwaigen Veränderungen die alte Einstellung wiederfinde.

Generell helfen Screenshots aber auch beim Lernen. Denn der Umgang mit den digitalen Geräten ist nicht ganz einfach. Es sollte nur immer ein kleiner Bereich neu hinzukommen und täglich geübt werden. **→Lernstrategie**. So ein Bild, das Ihnen zeigt, wie der Bildschirm bei bestimmten Funktionen aussah, hilft ungemein. Übrigens sind viele der folgenden Abbildungen Screenshots von meinem Smartphone, Tablet oder Notebook.

Sollten Sie sich bei Problemen und Fragen an jemanden wenden können, wird in vielen Fällen - das Smartphone oder Notebook betreffend - auch ein Screenshot hilfreich sein. Ich selbst habe, wenn ein persönlicher Kontakt gerade nicht möglich ist, schön öfter danach gefragt. So kann ich mir im wahrsten Sinne des Wortes ein Bild des Problems machen.

Aus diesen vielfachen Gründen sollten Sie möglichst schnell üben, wie man einen Screenshot

erstellt, diesen in eine Textdatei einbindet oder per
E-Mail versendet. Dies sollten Sie fast im Schlaf können.

Virtuelle Schieberegler und Tasten

Zum Ein- oder Ausschalten bestimmter Funktionen bei Tablet oder Smartphone gibt es virtuelle
Schaltflächen und Schieberegler. Diese sind nicht
physisch – also körperlich – wie die Einschalttaste,
sondern virtuell. Wir sehen also nur das Bild auf
dem berührungsempfindlichen Bildschirm.

Deshalb gilt: Tippen Sie sanft auf den Bildschirm.

SIE MÜSSEN KEINE REALE TASTE DRÜCKEN.

Genau so verhalten sich aber – gerade die älte-
ren – Anfänger: Sie drücken, als ob sie einen wider-
 spenstigen Knopf vor sich haben. Das
Gefühl für den Umgang der Schaltzei-
chen auf dem Bildschirm stellt sich mit
täglicher Übung aber bald ein. Viele
Schalter und Schieberegler finden Sie übrigens bei
EINSTELLUNGEN und dem Zahnradsymbol. Bei
Schaltflächen dieser Art wähle ich eine Option aus,
indem ich einfach auf den „Knopf" drücke und anschließend mit ANWENDEN bestätige.

Wählen Sie für das Beispiel **ANZEIGE** aus.

In der folgenden Abbildung wird der sogenannte **einfache Modus** eingestellt, der beinhaltet:

- Größere Symbole
- Größere Schrift
- Einfacher und übersichtlicher

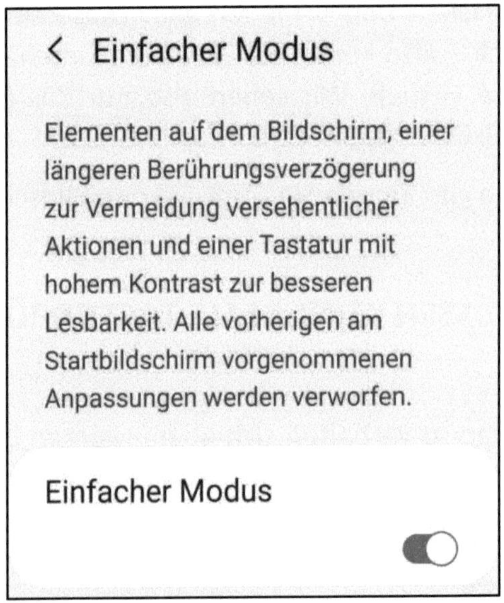

Screenshot meines Android-Gerätes

Probieren Sie diese Einstellung einfach einmal aus. Sie tippen dazu auf den „Schalter" EINFACHER MODUS. Notieren Sie sich aber, welche Schritte bei Ihrem Gerät notwendig sind, um zu dieser

Einstellung zu gelangen. Vielleicht wollen Sie ja die ursprüngliche Darstellung wiederherstellen.

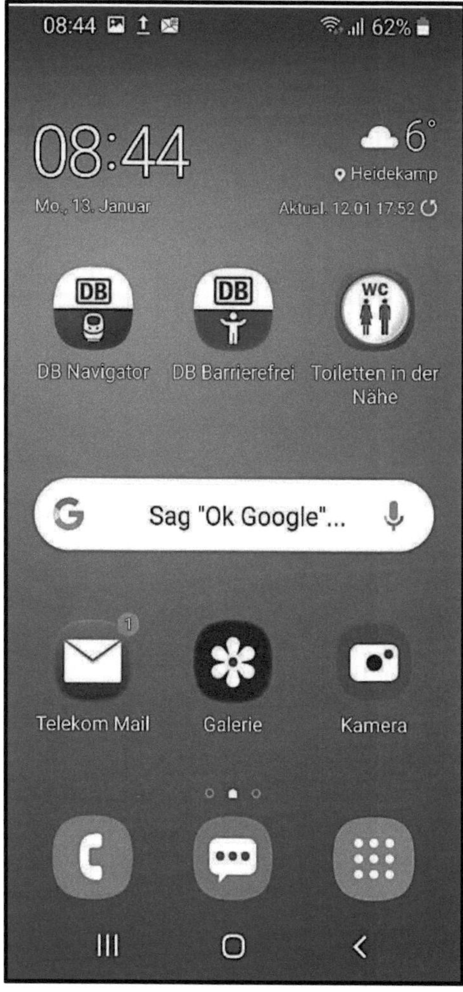

Screenshot meines Bildschirms - einfacher Modus

Mit dem **einfachen Modus** wird aus einem Smartphone ein - etwas einfacher nutzbares - Senioren-Smartphone.

Bleiben wir bei den **EINSTELLUNGEN**. Dort findet sich auf meinem Smartphone auch die Rubrik **EINGABEHILFE**. Gerade für Ältere finden sich hier nützliche Möglichkeiten. Als Beispiel nenne ich hier die „**Verbesserungen der Sichtbarkeit**".

Mit diesen virtuellen Schiebeschaltern stelle ich eine bestimmte Funktion ein:

- Blaufilter

- Kontrastreiche Schrift

- Nachtmodus

- Berührungston

- Vibration

- Benachrichtigungen

Und vieles andere mehr ...

Je nach Gerät können die Begriffe und Funktionen variieren. Blaufilter ist eindeutig: Licht mit hohem Blauanteil, das uns eher wachhält und daher am Abend schädlich ist, wird bei dieser Einstellung herausgefiltert, so dass die Ansicht „wärmer" wird.

Nachtmodus kann das gleiche bedeuten. Manchmal erscheint aber auch die Anzeige selbst in einem eher dunklen Design.

Bei den Tönen gibt es ebenfalls eine Vielzahl an Einstellungen. Meistens ist es selbstverständlich, dass das Smartphone bei einem eingehenden Anruf klingeln soll. Die Lautstärke lässt sich variieren. Zusätzlich ist eine Vibration möglich.

Darüber hinaus können – für einige Menschen durchaus sinnvoll – weitere Töne erzeugt werden: Bei jeder eingehenden Benachrichtigung, bei jeder Berührung des Bildschirmes, jeder Tastenberührung. Haben Sie das schon einmal in der Bahn erlebt? Jemand sitzt Ihnen gegenüber und tippt eine WhatsApp-Nachricht. Und bei jeder Tastenberührung piept es. Für mich grenzt so etwas fast an Körperverletzung. Ebenso muss nicht dauerhaft der Medienton eingestellt sein. Manchmal gerät man beim Besuch einer Webseite zufällig auf ein Video, dass sich anstellt und – wenn der Ton voll aufgedreht ist – alle in der näheren Umgebung aufschreckt. Sie ahnen es: das passiert mir auch immer mal wieder, wenn auch seltener. Wer natürlich häufig Musik hört oder Filme ansieht, der wird auch den Medienton anlassen.

Was hat es nun mit den BENACHRICHTIGUNGEN auf sich? Das ist eine sehr hilfreiche Angelegenheit. Die kleinen Symbole oben links in der Benachrichtigungsleiste informieren mich darüber, ob ich einen Anruf verpasst habe, eine E-Mail erhalten, morgen einen Arzttermin, ein Bild hochgeladen habe. Aber auch mögliche App- und Software-Updates werden hier angezeigt. So informiert mich mein Entsorgungsunternehmen, wann der Müll bzw. welche Art von Müll abgeholt wird. Natürlich erfolgt dies über die entsprechende App, bei der ich angemeldet bin und den Wunsch nach Benachrichtigung aktiviert habe.

Entsprechend erhalte ich auch nur eine Benachrichtigung zu in meinem Kalender eingetragenen Terminen, wenn ich dies wünsche.

→Wischen – ohne Lappen – nur mit dem Finger

Ich beschreibe als ein weiteres Beispiel die Deaktivierung der Auto-Korrektur (also das Ersetzen von Wörtern) und Vorschlägen von passenden Wörtern nach Eingabe der ersten Buchstaben. In der folgenden Abbildung schreibe ich eine E-Mail. Zunächst

einmal erkennen Sie, dass das erste Wort **Ich** großgeschrieben wurde. Da auf meinem Gerät eingestellt ist, dass das erste Wort eines Satzes immer
großgeschrieben wird, wurde das von mir kleinge-
schriebene **ich** ersetzt. Wenn ich dieses ändern
möchte, weil es in diesem Fall richtig ist, tippe ich

auf das Wort und es
erscheint das von mir
geschriebene Wort.
So habe ich die an-
sonsten sinnvolle
Einstellung rückgän-
gig gemacht.

Wenn Sie den Text
weiterlesen, ahnen
Sie vielleicht, was ich
schreiben möchte.
Der Computer macht
sich auch so seine
„Gedanken". Er
„denkt", dass ich viel-
leicht in Sachen
HOBBY unterwegs
bin. Aber er „vermu-
tet" auch, dass ich mich vertippt haben könnte und
statt des vielleicht gewünschten **J** aus Versehen das
danebenstehende **H** erwischt habe. So bietet er mir
den Job an. Und so ließe sich der angefangene Satz

durchaus sinnvoll vollenden: „ich bin in einem guten Job untergekommen". Tatsächlich wollte ich Hotel schreiben, was mir mit dem 3. Buchstaben und dem Erscheinen von „Hot..." auch vorgeschlagen wird.

Ich tippe dann auf den Vorschlag, und ich muss das Wort nicht zu Ende schreiben. Ich gebe zu, dass mich dieses Verfahren bei meinem ersten Smartphone noch sehr genervt hat, schließlich hatte ich auf so vieles Neue zu achten. Da wollte ich nicht auch darauf noch achten müssen. Wem es auch so geht, sollte zur De-Aktivierung schreiten. Ich beschreibe

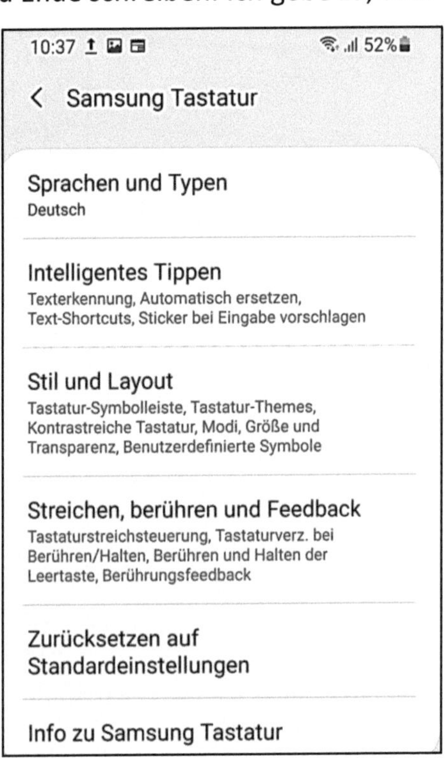

den Vorgang am Beispiel meines Samsung-Gerätes:

Zunächst müssen Sie wieder die **Einstellungen** öffnen.

☞ Allgemeine Verwaltung
☞ Sprache und Eingabe
☞ Bildschirmtastatur
  • Auswählen (bei mir Samsung, deutsch)
☞ Intelligentes Tippen
  • Texterkennung ein/aus
  • Vorschlag von Wörtern ein/aus

Auch hier müssen wieder Schie-beregler bedient werden, wie zu Beginn beschrieben. 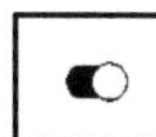

Bei den Einstellungen gibt es – wie oben be-schrieben – eine Hierarchie. **Mehr dazu →Seite 101**

Mit der Bedienung dieser beispielhaft erklärten Schieberegler verändere ich also tatsächlich etwas. Das sollte mich aber nicht hindern, verschiedene Funktionen auszuprobieren. Ich sollte aber proto-kollieren, wie die Einstellung vorher war. Dabei kann auch ein Bild helfen. **→ Screenshot – der Bild-schirm als Foto**

Bei vielen anderen Symbolen/Funktionen ändert sich dagegen nichts, wenn ich sie antippe. Ich er-halte dagegen oft hilfreiche Informationen. Manch-mal verbergen sich dahinter wesentliche Teile einer App. Also seien Sie neugierig und lernen Sie Ihr Ge-rät und dessen Möglichkeiten besser kennen.

Fingerarbeit: wischen, tippen, ziehen

So wie beim PC/Notebook/Laptop die Tastatur mit Hilfe der Finger bearbeitet wird, ist es auch bei den smarten Geräten. Und doch ist es ganz anders, denn die Glasoberfläche (Touchscreen, sprich: Tatschskrien) selbst ist berührungsempfindlich. Ein typischer Fehler im Umgang mit diesem ungewohnten Medium: Man haut auf

Illustration: Pixabay
Clker-Free-Vector-Images

die Tasten und damit auf die Glasscheibe, als würde man eine alte Schreibmaschine bedienen. Die Berührung der entsprechenden Symbole sollte fast zärtlich sein. Man bekommt bei entsprechender Übung schnell ein Gefühl dafür.

Nun denken Sie sicher auch an das **Wischen**, das doch so typisch für Smartphone und Tablet ist. Tatsächlich hat das Wischen eine große Bedeutung. Allerdings wird nicht irgendwie gewischt – kreuz und quer – so, wie die Laien unter uns die Fenster putzen. Es ist ein großer Unterschied, ob ich nach oben, unten, links oder rechts wische. Dabei sollten Sie den Bildschirm recht sanft berühren, da Sie sonst – wie beispielsweise beim Löschen einzelner E-Mails - diese öffnen.

In der folgenden Liste finden Sie einige typische Bewegungen. Später zeige ich Beispiele.

Fingerbewegung auf dem Bildschirm:

- Nach **links oder** **rechts**: Die Seite des Bildschirms wechseln. So kann man - ausgehend vom Startbildschirm - weitere Apps sehen.
- Nach **links oder rechts**: Die Seite einer Zeitung wechseln, also virtuell umblättern.
- **Nach links**: einzelne Benachrichtigungen (obere Benachrichtigungszeile) aus der geöffneten Liste löschen.
- **Nach links**: einzelne E-Mails aus der Liste im geöffneten E-Mail-Account löschen.
- **Nach oben**: Aus der Liste der geöffneten Apps einzelne schließen.
- **Nach oben:** Bei Fotos Informationen wie Datum
- **Nach oben**: das ist das Scrollen auf dem Notebook: ich erweitere die Ansicht, die bei einzelnen Anwendungen nicht auf eine Seite passt.
- **Nach unten**: Vom oberen Rand des Startbildschirms ziehe ich die Benachrichtigungszeile herunter.
- **Nach unten von der geöffneten Benachrichtigungszeile**: Vom oberen Rand ziehe ich die Statuszeile herunter.

- Mit **zwei Fingern**, die ich auf der Oberfläche auseinander- (vergrößern) oder zusammenziehe (verkleinern) lassen sich Ansichten in ihrer **Größe** anpassen.

- Sollen Kartenansichten **verschoben** werden, um einen anderen Bereich anzuzeigen, ist dies oftmals durch **Ziehen mit zwei Fingern** auf der Oberfläche machbar.

Wischen – ohne Lappen – nur mit dem Finger

Das berühmte Wischen – wer es noch nicht kennt, wundert sich. Aber es ist ganz einfach und man gewöhnt sich schnell daran.
Sie fangen am besten mit dem Startbildschirm an. Berühren Sie **mit einem Finger** die Oberfläche und bewegen diesen nach links, rechts, oben, unten. Sehen Sie, was passiert. Es werden auf unterschiedlichen „Seiten" verschiedene Apps angezeigt.
Auch bei digitalen Zeitungen blättert man um, indem man nach links oder rechts wischt.

Nun gehen Sie wieder auf den Startbildschirm und wischen mit dem Finger **von ganz oben nach unten**.
Sie sehen Ihre Benachrichtigungen als Symbole ganz oben links in der **Benachrichtigungsleiste**. Daneben in der **Statusleiste** befinden sich Informationen über Uhrzeit, Akku-Ladezustand, so-

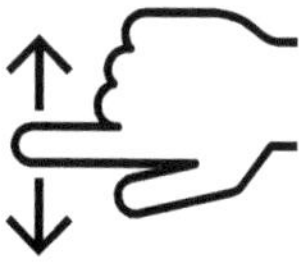

wie Verbindungen (WLAN, mobil und Signalstärke). Diese Benachrichtigungen können sein: ein verpasster Anruf, eine neue E-Mail, Aufforderung zum Update, eine SMS und vieles andere mehr.

In diesem Beispiel - bei ihnen könnte es auch etwas anders aussehen - sind folgende Benachrichtigungen zu sehen: Uhrzeit, eine Datei wurde hochgeladen, ein Screenshot wurde gemacht, sowie eine E-Mail ist gekommen. Übrigens können Sie nur dann Ihre E-Mails zusätzlich auch auf dem Smartphone lesen, wenn Sie das entsprechende Konto auf dem Gerät eingerichtet haben. Dazu laden Sie die entsprechende App im App-Store herunter, je nachdem, bei welchem Anbieter Sie sind. Auch wenn es umständlich ist, mit der kleinen Tastatur zu schreiben, so ist es doch sinnvoll, die E-Mails auf dem Smartphone schnell einmal zu lesen. Ich selbst schreibe diese dann bequemer auf dem Notebook.

Die Benachrichtigungszeile sollte man sich einmal genauer und auch öfter ansehen. Denn rechts oben finde ich auch schnell Informationen zu Verbindungen und dem Ladezustand des Akkus - den **aktuellen Status**. Hier sind es WLAN, mobiles Funknetz, der prozentuale Ladezustand des Akkus mit zugehörigem Symbol. Dieses **obere Feld** können Sie auch noch durch Wischen nach unten erweitern.

So sehen Sie schnell, ob WLAN und Bluetooth überhaupt eingeschaltet sind. Bei Bedarf können die Verbindungen auch schnell deaktiviert werden.

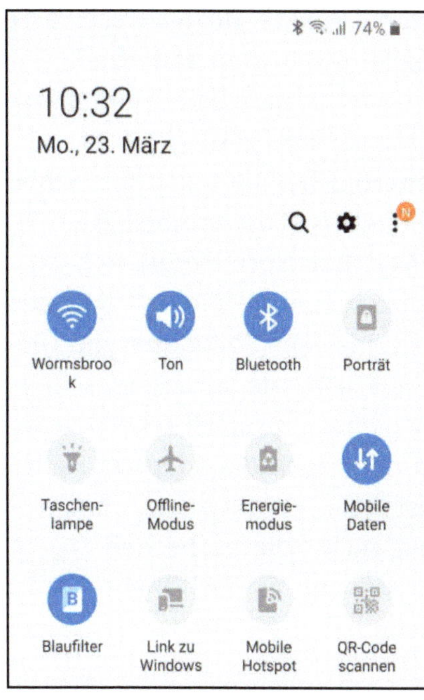

Vielleicht werden dort auch eine Taschenlampe angezeigt, Nachtmodus, Blaufilter etc. Sie können hier schnell Einstellungen vornehmen. Aber nur im Sinne von **EIN** und **AUS**.

Im gezeigten Beispiel sind WLAN, Ton, Bluetooth, Mobile Daten sowie der Blaufilter eingestellt.

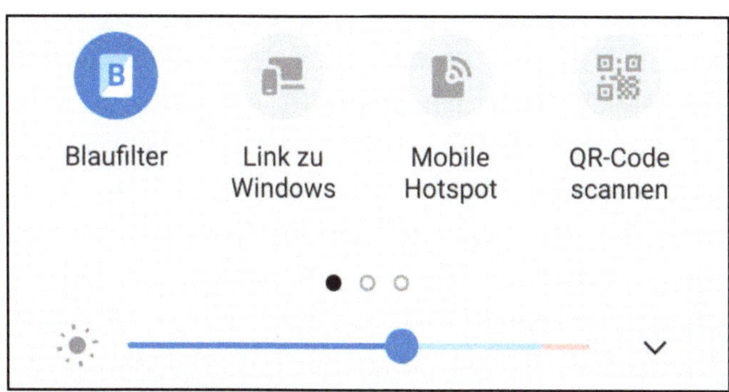

Darunter sieht man **3 Punkte**. Der linke schwarze zeigt die aktuelle Seite. Die beiden anderen Kreise zeigen, dass es noch zwei weitere Seiten gibt. Diese erreicht man, indem nach links gewischt wird.

Ganz unten wiederum befindet sich der Schieberegler zur Einstellung der Bildschirmhelligkeit. Erkennbar am Sonnensymbol. Normalerweise kann – schon um den Akku zu schonen – die Helligkeit des Bildschirms relativ gering sein. Sollte aber die Umgebung selbst sehr hell sein, wie bei Sonnenschein, ist es besser den Schiebeknopf nach rechts zu wischen. Es lässt sich aber auch die adaptive Helligkeitsanpassung einstellen.

Beachten Sie ganz rechts dieses Zeichen und tippen darauf. Hier gibt es noch mehr zu entdecken. **→Pfeile** 

An dieser Stelle – denn es gehört zum Thema WISCHEN – möchte ich über allererste Erfahrungen mit meinem neu erworbenen Smartphone Ende 2014 berichten. Trotz meiner PC-Erfahrungen tat ich mich zuerst schwer mit dessen Handhabung. Schließlich hatte ich geschafft ein Google-Konto einzurichten, meine E-Mail-App zu installieren und auch Fotos zu machen. Nun probierte ich das – für mich damals – Wesentliche aus: Telefonieren. Ich rief meinen Mann an – besser gesagt, sein Smartphone. Sein Gerät, das auf dem Tisch lag, klingelte. Alles gut. Es war Zeit für einen Spaziergang mit dem

Hund. Mein Mann sollte mich während dieser Zeit anrufen. Mitten im Wald klingelte mein Smartphone. Ich zog es aus der Jackentasche und tippte wie selbstverständlich auf das grüne Hörersymbol. Es passierte nichts. Es klingelte – ich tippte – es klingelte, bis 30 Sekunden vergangen waren. Ich war frustriert. Das passierte noch zweimal in gleicher Weise. Selbst der Hund guckte mich inzwischen irritiert an. Zu Hause angekommen, fragte mein Mann, warum ich nicht ans Telefon gegangen bin. Er selbst hatte auch noch kein Telefongespräch angenommen und verhielt sich beim Test, dem er sich sofort zu unterziehen hatte, wie ich. Nun half nur noch ein Blick in die Bedienungsanleitung. Ich nehme an, dass die dort beschriebene Handhabung zum Annehmen eines Gespräches einen ähnlichen Hintergrund hat, wie das lange Drücken der Einschalttaste. Es soll wohl verhindert werden, dass ein Gespräch aus Versehen „scheinbar" angenommen wird, weil zufällig Druck auf das Symbol ausgeübt wird. Vielleicht ist es der Lippenstift in der Tasche, vielleicht ein Schokoriegel. Die Folge könnten hohe Kosten sein.

Wie wird also ein Gespräch angenommen? Ich muss auf das Telefonhörersymbol tippen und gleichzeitig nach rechts oben wischen, als wollte ich einen Fussel entfernen. Darauf muss man erst einmal kommen.

Wischen als Reinigung – löschen, schließen

Ich gehe  abschließend auf weitere Möglichkeiten des Wischens ein. So kann man beispielsweise E-Mails aus der **Liste löschen**, indem ich die entsprechende **Mail nach links wische**. Sie ist allerdings nicht ganz weg, sondern befindet sich noch im Papierkorb.

Gerade Anfänger öffnen eine App nach der anderen, ohne sich bewusst zu sein, dass sich diese weiterhin im Stand-by-Modus befinden. Je nach Fabrikat finden Sie die Liste der geöffneten Apps **ganz unten links** auf dem Gerät. Diese Symbole sind üblich für Listen.

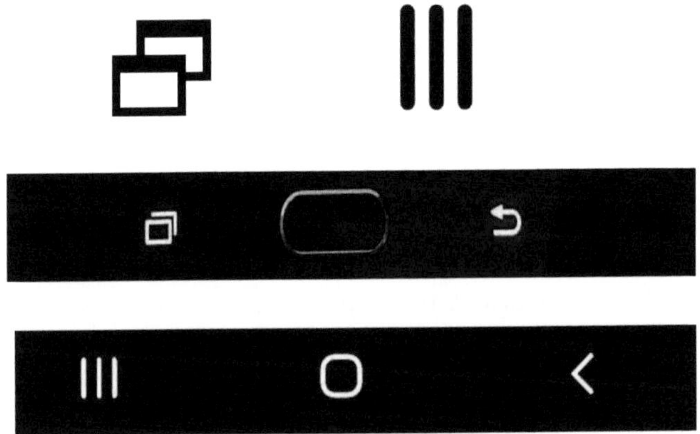

Untere Statuszeile von Tablet und Smartphone (Android)

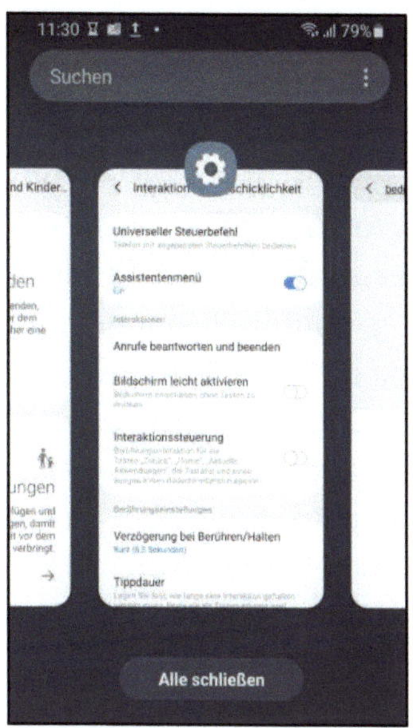

Wenn Sie das Listen-symbol antippen, erscheinen alle geöffneten Apps. Sie können alle gleichzeitig schließen, wenn sie das entsprechende Feld „Alle schließen" antippen. Sollen nur einige Apps geschlossen werden, wischen Sie diese nach oben weg. Keine Angst – die App selbst ist noch vorhanden und lässt sich bei Bedarf erneut öffnen. Zwischen den geöffneten Apps blättern Sie gewissermaßen, indem Sie nach links oder rechts wischen. Andere Anordnungen sind möglich.

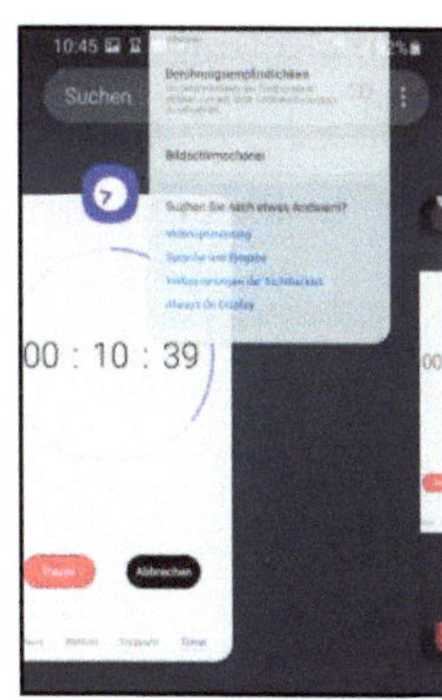

In diesem Screenshot schließe ich gerade die App der EINSTELLUNGEN. Die Uhr-App mit dem Küchentimer bleibt dagegen weiter aktiv.

Eigene Screenshots

Meine ersten Erfahrungen mit einem Tablet machte ich 2015. Mein Mann und ich lasen die Zeitung, surften im Internet, spielten, informierten uns über das Wetter. Kurz gesagt: es wurde von uns Beiden intensiv genutzt. Wochen später fielen mir unten links die **3 Striche** auf, die ich vorher gar nicht registriert hatte. Neugierig tippte ich darauf und erschrak: dort waren zig Apps und Internet-Seiten geöffnet. Es war das reinste Chaos, was ich dort sah. Ich räumte ganz schnell auf, indem ich **ALLE SCHLIEßEN** antippte. Ich freute mich aber auch, weil ich wieder etwas Neues gelernt hatte.

Wo wir aber gerade beim unteren Teil des Smartphones oder Tablets sind: In der Mitte ist der „Schalter" bzw. Symbol (Bildschirm) für den Startbildschirm – oft auch Home-Taste genannt - auf dem Ihre wichtigsten Apps angeordnet sind. Rechts der Rückwärtspfeil, mit dem Sie beim Arbeiten jeweils einen Schritt zurückgehen können. Dieser Schritt zurück ist sehr wichtig. Sie werden es schnell merken. →**Pfeile**

Tippen: Kurz – Lang – Kurz – SOS?

Nein, dies soll kein Hilferuf werden. Aber ich habe schon beschrieben, dass beim Einschalten des Smartphones das lange Drücken der Taste wichtig ist.

Auch bei **Apps** führt **kurzes oder langes Drücken** zu unterschiedlichen Ergebnissen. Tippe ich ein **App-Symbol kurz** an, wird das Programm geöffnet. Drücke ich das **Symbol länger**, erscheinen weitere Hinweise. So könnte ich sie deinstallieren oder Informationen über diese App erhalten. Außerdem bemerke ich – vorausgesetzt, ich bleibe mit dem Finger auf dem Symbol – dass es beweglich wird. Es lässt sich jetzt an einen anderen Ort schieben. Das ist wichtig, um einen persönlichen Startbildschirm mit den für mich wichtigsten Apps zu erhalten. Gerade das Verschieben an eine andere Stelle, besonders auf eine andere Seite, erfordert anfangs Geduld. Aber irgendwann haben Sie ein Gefühl dafür und generell für das Wischen entwickelt. Wie immer bei Neuem gilt: üben, üben, üben.

Aber auch in anderen Bereichen macht kurzes oder langes drücken einen Unterschied – auch innerhalb der Tastatur bei einzelnen Tasten.

Einige Beispiele, die natürlich nur ein kleiner Ausschnitt der vielen Möglichkeiten sind.

Kurz antippen

- App wird geöffnet

- E-Paper (Zeitung) wird geöffnet

- Artikel in E-Paper in Separatansicht

- Foto wird geöffnet

- In Schreibfeld einer Anwendung: Tastatur wird sichtbar

Lange drücken

- Das App-Symbol wird beweglich

- Bilder werden markiert

- Alternativen innerhalb der Tastatur

Im Folgenden zeige ich an Screenshots – also Schnappschüssen des Bildschirmes – welches Bild sich ergeben müsste.

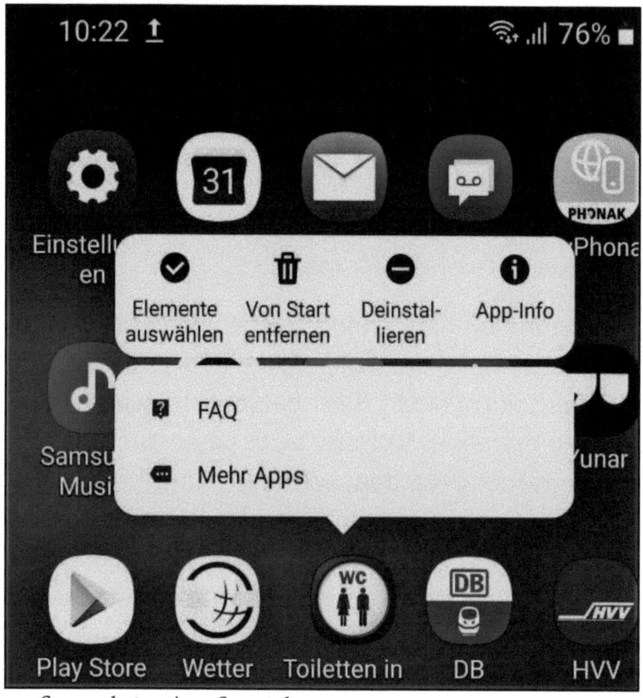

Screenshot meines Smartphones

Hier wurde auf die WC-App sanft gedrückt und der Druck gehalten.

Ich erhalte die oben gezeigten Informationen.

Wenn der **Finger** auf dem App-Symbol **bleibt** und auf der Oberfläche zum Beispiel langsam nach links unten wischt – anders gesagt: schiebt – kann

Bewegliches App-Symbol (Screenshot)

das Symbol an eine andere Stelle verschoben werden. Es ist sehr sinnvoll, sich einen individuellen Startbildschirm mit den persönlich wichtigsten Apps zu erstellen. So muss nicht lange auf anderen Seiten gesucht werden, wenn ich eine bestimmte App benutzen will. Gerade, wenn ich das Gerät neu habe, weiß ich noch nicht, was mir persönlich von Bedeutung ist. Vieles ergibt sich mit der Zeit, zumal weitere Apps hinzukommen werden. Das erneute Sortieren wird also auch nach längerer Zeit wichtig sein. Ich ändere meinen Startbildschirm nach Bedarf. Wenn ich auf Reisen bin (In- oder Ausland), könnte ich die dortige Nahverkehrs-App laden und auf dem Startbildschirm platzieren. Danach lösche ich die App und sie macht Platz für die heimische Nahverkehrs-App, die zwischenzeitlich auf Seite 2 verschoben wurde.

Oftmals entdeckt man, dass die Symbole mehrfach zu sehen sind. Sie schieben den Finger dann einfach zum Mülltonnensymbol „Vom Start entfernen". Sie ist dann immer noch vorhanden, nur

dieses Symbol ist gelöscht. Wenn allerdings die komplette Anwendung gelöscht werden soll, schieben Sie den Finger auf den Befehl „deinstallieren". Für die Ängstlichen unter Ihnen: Sollten Sie feststellen, dass dies ein Fehler war – die App lässt sich erneut installieren. Sie müssten also wieder in den Play-Store (den Laden für Apps), die App suchen und erneut installieren.

Sie wollen mehrere Fotos per Bluetooth oder E-Mail verschicken? Oder mehrere löschen? Dazu müssten diese vorher markiert werden. Sie öffnen die Galerie und anschließend die jeweilige Rubrik – Kamera, Screenshots, Downloads oder was auch immer. Nun wird lange auf ein Foto gedrückt. Es erscheint ein Kreis mit Haken. Bei den anderen Bildern bilden sich ebenfalls die Kreise. Bei allen gewünschten Bildern kann ich jetzt ebenfalls einen Haken machen. Dann folgt die gewünschte Aktion.

Im folgenden Beispiel habe ich 5 Bilder markiert. Die **Zahl 5** sehe ich oben links. Daneben der Kreis ALLE ◯. Wenn ich hier durch Tippen auf den Kreis den Haken setze, werden alle an diesem Ort vorhandenen Bilder markiert. Unten befinden sich die Symbole für das Löschen und Teilen/Senden. Wenn ich dieses wiederum kurz antippe erhalte ich die Möglichkeiten des Versendens: Per Bluetooth, E-Mail und Weiteres.

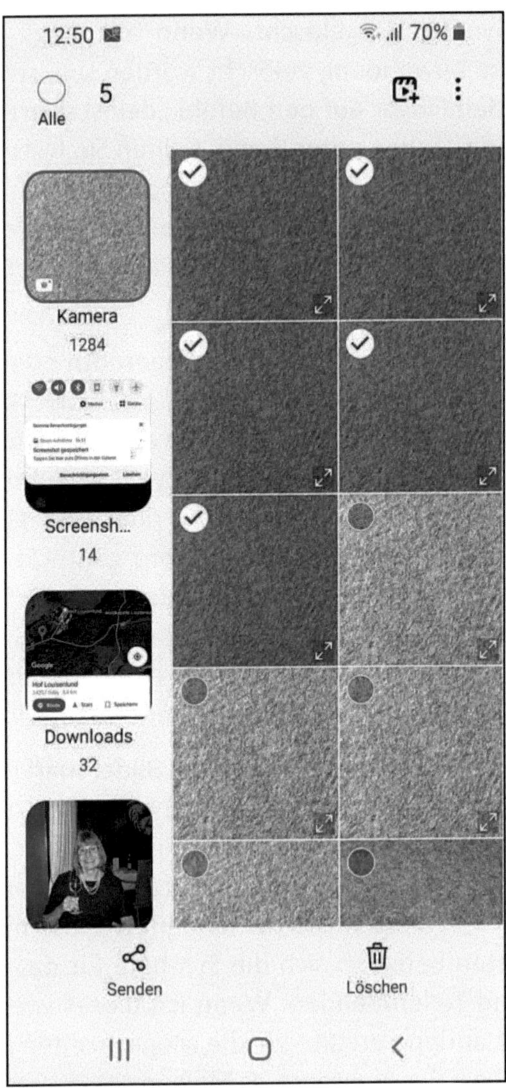

Markierte Fotos (Eigener Screenshot)

Bei langem Drücken auf bestimmte virtuelle Tasten werden alternative Schreibweisen, zum Teil aus anderen Sprachen, sichtbar. Hier wurde das **e** etwas länger gedrückt.

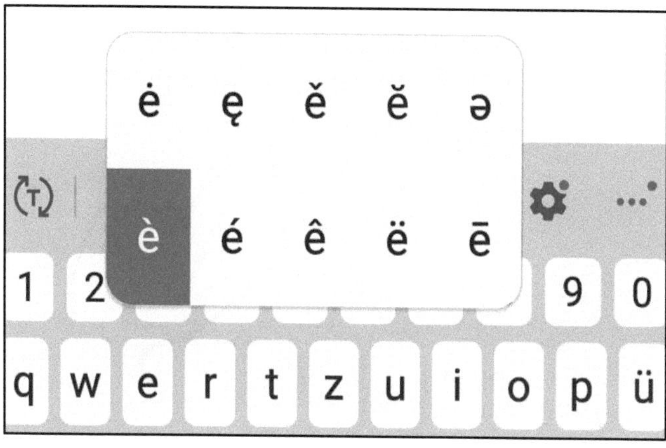

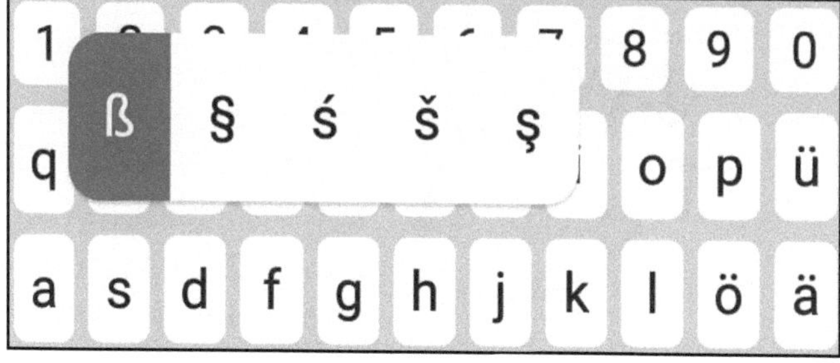

Eigene Screenshots (Samsung Tastatur)

Auch das im Deutschen oft gebrauchte ß finden Sie so: langes Drücken auf die **s**-Taste.

Aufziehen – Zuziehen – Umziehen

Das Berühren des Touchscreens mit den Fingern nennt man auch Touch-Geste (sprich: tatsch).

Eine weitere wichtige Touch-Fingergeste ist das **Aufziehen** mit zwei Fingern. So lassen sich Schriften und Bilder vergrößern.

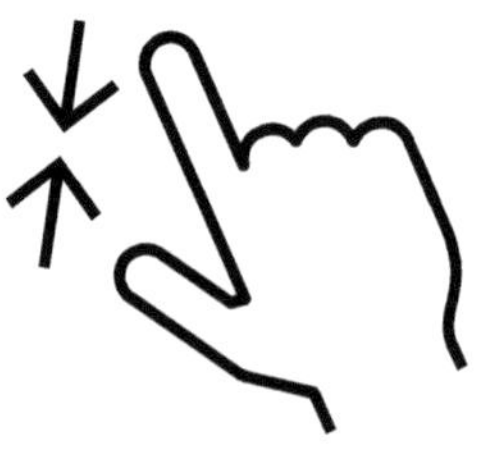

Das kann man sich gut merken: beim **Zuziehen** schiebe ich gefühlt etwas zusammen - es wird kleiner.

In der folgenden Abbildung gehe ich mit 2 Fingern auf einen Zeitungsartikel und ziehe die Finger auf der Oberfläche auseinander. Die Schrift wird größer. Umgekehrt verkleinere ich wieder. Dieses ist ein großer Vorteil der digitalen Zeitung gegenüber der Printausgabe und deshalb gerade für ältere Menschen gut geeignet. Aber auch andere sehbehinderte Menschen profitieren von den digitalen Ausgaben der Zeitungen. Die Schrift lässt sich nicht nur vergrößern; sie ist auch kontrastreicher und klarer im Schriftbild. Nur einen Nachteil gibt es, den offenbar einige Gleichaltrige vermissen: Der typische Druckfarbengeruch fehlt, es raschelt nicht beim Umblättern und – die Finger werden nicht schwarz.

Die Schrift wird durch Aufziehen mit zwei Fingern vergrößert

Sollten Sie eine gute Kamera in Ihrem Smartphone haben und gerne fotografieren, werden Sie ganz neue Möglichkeiten beim Betrachten der Bilder entdecken. Gerade wer, wie ich, gerne Insekten fotografiert und bestimmt, kann natürlich zoomen. Die Gefahr ist ein Verwackeln beim Fotografieren. Es gibt aber auch Halterungen für herkömmliche Kamerastative. Sollte Ihre Kamera aber eine gute Auflösung haben, lässt sich das aus größerer Distanz aufgenommene Bild durch Aufziehen vergrößern, so dass Details zu erkennen sind.

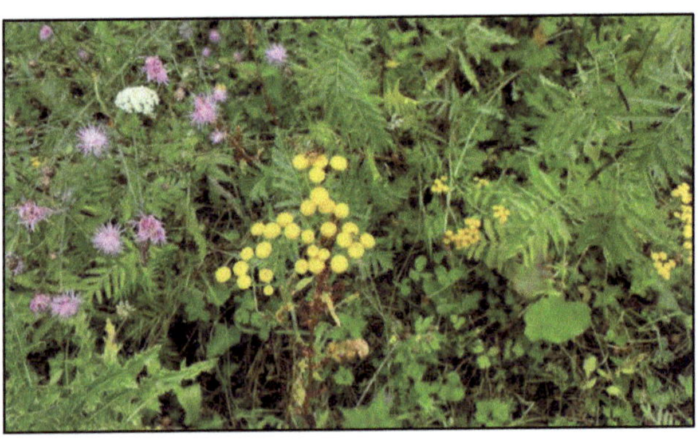

Originalfoto: Monika Sintram-Meyer

Hier habe ich ein Insekt im oberen Teil des Rainfarnes fotografiert. Es ist kaum zu erkennen. Auf dem aufgezogenen – vergrößerten – Bildausschnitt kann ich nicht nur das gesuchte Insekt erkennen und identifizieren, ich sehe sogar noch ein zweites im rechten unteren Bildausschnitt. Das Foto wurde vergrößert und an den Rändern beschnitten.

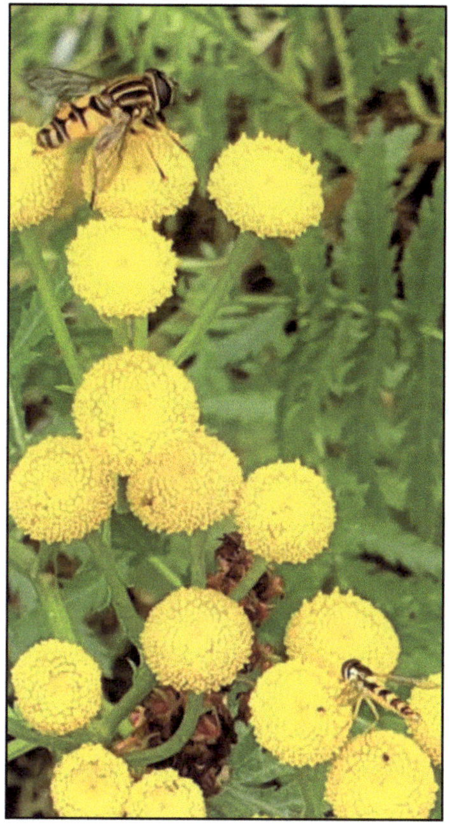

Foto, vergrößert: Monika Sintram-Meyer

Beides sind übrigens Insekten aus der Familie der Schwebfliegen.

Die nachträgliche Bildbearbeitung ist ein wichtiges Instrument, das wir mit Computern im Allgemeinen (PC/Notebook/Laptop/Smartphone/Tablet) in der Hand haben.

Auf meinem Smartphone (hier im Querformat) werden nach antippen des Bildes und anschließend des Bearbeitungssymbols (Bleistift) weiße Ecken am Bildrand sichtbar.

Wenn ich diese berühre und nach innen schiebe, kann ich das Bild entsprechend meiner Wünsche zurechtschneiden. Gehe ich auf die Bildmitte, kann das Bild selbst verschoben werden. Beliebig groß kann der Ausschnitt aber nicht gemacht werden, da er – je nach Bildauflösung – irgendwann **unscharf** wird. Je

Fotoausschnitt zu stark vergrößert: Monika Sintram-Meyer

48

mehr Bildpunkte die Aufnahme hat, desto größer lässt sich das Bild auseinanderziehen.

In dem oben gezeigten Screenshot, bei dem sich das Bild - angezeigt im Querformat – gerade im Bearbeitungsmodus befindet, sehen Sie rechts weitere Möglichkeiten der Bildnachbearbeitung: Farbe, Helligkeit, Kontrast und vieles andere.

→ Bilder, die sich – fast – selbst erklären

Am PC/Notebook/Laptop lassen sich Bilder selbstverständlich auch beschneiden und weiterbearbeiten. Nur benutzt man hierbei nicht direkt die Finger, sondern verwendet – meistens – eine Maus.

→ Von Mäusen und Händen

Die dritte Möglichkeit nenne ich einfach einmal **umziehen**. Warum? Gelegentlich habe ich bei bestimmten Anwendungen im Internet die Ansicht einer Landkarte, die ich zu bestimmten Regionen verschieben wollte. Das muss – so steht es in diesen Fällen auch in der Anleitung zu diesen Karten – mit zwei Fingern gemacht werden. So kann ich die Karte verschieben, bis beispielsweise meine Heimatregion im Zentrum steht.

Mehr Sein als Schein

Nicht nur die erwähnten 3 Striche oder 3 Punkte → **Punkt – Punkt – Strich** verbergen wichtige Funktionen.

Scrollen – Das Ende der Seite wird sichtbar

Die geöffnete App-Seite auf dem Smartphone oder dem Tablet ist eventuell viel länger, als sie erscheint. Um alles sehen oder lesen zu können, muss ich scrollen (sprich: Skrollen). Dazu wische ich auf der Oberfläche nach oben.

Beim Notebook (PC) scrollt man, indem entweder das Rad der Maus gedreht oder der rechte Schieberegler auf dem Bildschirm betätigt wird.

Scrollen – Scroll Leiste- Bildlaufleiste

Sie kennen sicher auch die Bilder, auf denen der Herold eine Schriftrolle in der Hand hielt, um eine Botschaft zu verlesen. Der Text passte nicht auf eine Seite, so dass das Papier immer weiter entrollt werden musste, bis schließlich auch die letzten Zeilen erkennbar waren.

Wie schon beschrieben, muss ich bei den smarten Geräten nur nach oben wischen. Beim Notebook (**Windows-PC**) erscheint, sobald eine Seite

(Bildschirmansicht) oder ein Dokument größer ist als der Bildschirm selbst, ganz rechts eine Bildlaufleiste. Sie besteht aus 3 Teilen: einem Pfeil oben, einem Pfeil unten und dazwischen einem Schieberegler. Sie kann auf unterschiedliche Art bedient werden, um den unteren Teil der Seite sichtbar zu machen.

Mit diesen Scroll-Leisten kann man auf dem PC scrollen. Zufällig erinnert der Begriff an rollen, womit wir wieder beim Herold wären.

1. Ich klicke mit der linken Maustaste auf den unteren Pfeil der Bildlaufleiste. Ich bleibe darauf und die Seite wandert nach unten. Entsprechend geht es mit dem oberen Pfeil nach oben.
2. Ich fasse den Schieberegler indirekt an, indem ich mit der linken Maustaste draufklicke und bleibe. Nun schiebe ich nach unten oder oben. Dieses ist besonders bei sehr langen Dokumenten sinnvoll.

3. Ich habe eine Maus mit einem Rad am Rücken. Durch Drehen in die jeweilige Richtung kann ich damit nach oben oder unten scrollen.

4. Bei sehr langen Dokumenten drücke ich auf das Rad und bewege die Maus nach oben oder unten. So bewege ich mich schnell durch das mehrseitige Dokument.
→ **Von Mäusen und Händen**

Eine Seite kann aber auch zu breit sein. Entsprechend ist unten eine Leiste zu finden, mit der von links nach rechts und zurück gearbeitet werden

kann.

Auf den **smarten Geräten** fehlt diese Leiste. Stattdessen werden die Finger zum Wischen benutzt. Ich empfehle Ihnen, grundsätzlich davon auszugehen, dass die Seite länger – manchmal auch breiter – ist, als sie erscheint. Also wischen Sie nach oben, um zu sehen, ob da noch etwas erscheint. Ich denke auch leider nicht immer daran. Als ich am Anfang meiner Nutzung der Sparkassen-App im Menü nach der ABMELDUNG suchte, fand ich nichts. Ich hatte das „Hamburger-Menü" (3 Striche) geöffnet, sah viele Unterthemen. Am Ende standen die Einstellungen. Irgendwann kam ich auf die Idee, nach oben zu wischen und – voilá – es erschien der letzte Punkt: Abmelden. Es war die – bis dahin unsichtbare – letzte Zeile des Menüs.

Bedenken Sie aber, dass bei vergrößerter Schrift auf Ihrem Gerät öfter zu scrollen oder zu wischen ist, da dann viel weniger Text auf den Bildschirm passt.

→ Fingerbewegung auf dem Bildschirm

Karteikarten

In der analogen Bürowelt waren – und sind noch immer – Karteikarten üblich. Um die jeweils gewünschte Kategorie besser finden zu können, verwendet man sogenannte Karteikartenreiter, die auf die jeweils erste Karte gesteckt werden. Dieses können Buchstaben sein oder aber Begriffe.

Ähnliches ist auch bei Apps zu finden und wird gerade von Anfängern leicht übersehen. Mir erging es da nicht anders. Die jeweiligen Ordnungsbegriffe befinden sich oben oder unten in der App-Ansicht.

Beim Antippen auf den gewünschten Begriff wird die jeweilige Kategorie sichtbar.

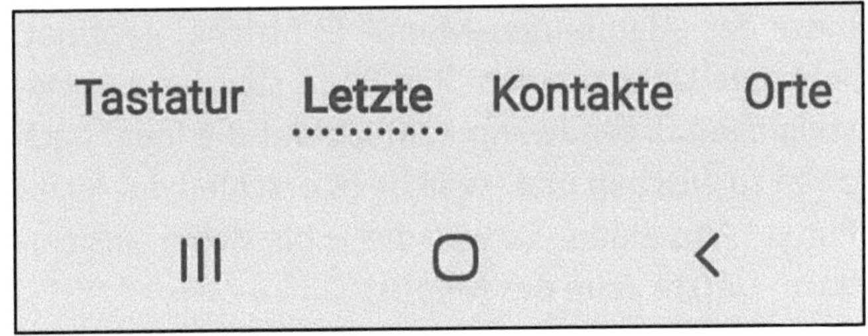

Quelle: Meine Android Telefon-App

So kann ich unter dem Symbol ☎ der Telefon-App die Telefontastatur finden, eine Liste der letzten Anrufe, alle Kontakte oder aber auch die Orte. Der jeweils unterstrichene Begriff wird gerade aktiv angezeigt; hier also die **LETZTEN Anrufe**. Auch das kann hilfreich sein, sehen Sie doch, ob ein Anruf verpasst wurde und von wem er kam.

→ Telefonhörer

Unter der Rubrik Tastatur ist die heutige gebräuchliche Telefontastatur verborgen, die Sie benutzen können, wenn die Telefonnummer nicht in einem Kontakt gespeichert vorliegt.

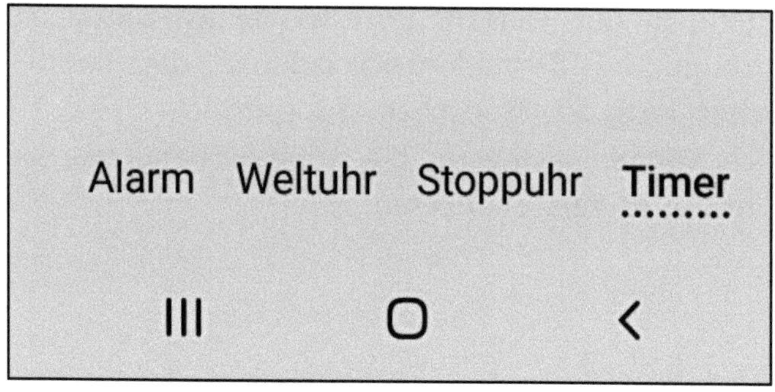

Quelle: App DB Barrierefrei

In der DB-App Barrierefrei erhalten Sie dagegen Informationen zu Hilfsangeboten, die bestimmte Züge oder Bahnhöfe betreffen.

Ein letztes Beispiel:

Quelle: Meine Android Uhr-App

Auch innerhalb der App **Uhr** haben wir verschiedene Funktionen. Sie ersetzt gleich mehrere

Geräte: Die Stoppuhr, den Wecker (Alarm) und –
ganz wichtig für mich – den Küchenwecker (Timer).

Ich brauche also nicht mehr an den Reisewecker
zu denken, ohne den ich früher nicht in den Urlaub
fuhr. Auch die Tomate als Küchenwecker hat ausge-
dient. Ich stelle den Timer (sprich: Teimer) an, ste-
cke das Smartphone in meine Jackentasche und
gehe in den Garten. Dort werde ich durch ein
freundliches Bimmeln daran erinnert, dass der Ku-
chen fertig ist. Menschen, die sportlicher sind, als
ich, können auch gerne die Stoppuhr benutzen, um
ihre Leistungen zu messen.

Bilder und Symbole

Dieses Kapitel behandelt Bilder bzw. Symbole, denen Sie immer wieder begegnen werden. Man findet sie auf dem Smartphone oder Tablet selbst, oder innerhalb der Apps. Auch im Internet, sowie Anwendungen des Notebooks, können Sie diesen Symbolen begegnen. Manche erschließen sich in ihrer Bedeutung sofort, während man bei anderen lange überlegen muss oder recherchieren sollte. Denken Sie bitte daran, dass auch ich erst im Alter von 66 Jahren begann, mich mit smarten Geräten und deren Apps auseinanderzusetzen. Dabei erging es mir, wie es Ihnen wohl auch ergehen wird: manches erschien mir leicht und offensichtlich, während ich mit vielen neuen oder nicht sofort einzuordnenden Symbolen große Probleme hatte. Selbst beim Bild des Telefonhörers gibt es Varianten, deren Sinn ich erst in diesem Jahr (2020) erfasst habe. Wenn man es dann weiß, erscheint es auch logisch.

Telefonhörer

1   2   3

Der Telefonhörer steht für das Telefonieren schlechthin. Auf smarten Geräten kann er mehrere Bedeutungen haben:

- Das private Telefonbuch
- Die Telefontastatur
- Den eingehenden Anruf – GRÜN
- Das „Auflegen" – ROT

Die Symbolik orientiert sich an den alten analogen Telefonen mit einem externen Hörer:

Nr. 2: Der Hörer wurde abgehoben und befindet sich in der Hand. Beim Smartphone muss ich durch Wischen oder tippen „abheben", um den Anruf anzunehmen.

Nr. 3: Ich lege auf. Beim Smartphone muss ich durch Tippen „auflegen", um den Anruf zu beenden.

In der Telefon-App mit dem Symbol Nr. 1 finde ich in der Regel auch das Protokoll der eingegangenen, rausgegangenen und nicht erfolgreichen Anrufe unter LETZTE. **→ Karteikarten**

Rot signalisiert schon, dass es mit dem Anruf nicht funktioniert hat. Der Hörer liegt. Der Pfeil zeigt, dass ein Anruf ankam, aber der Knick im Pfeil zeigt auch, dass er den Hörer wieder verlässt. So zeigt mir dieses Bild, dass die neben dem Symbol angezeigte Person vergeblich versucht hat mich anzurufen.

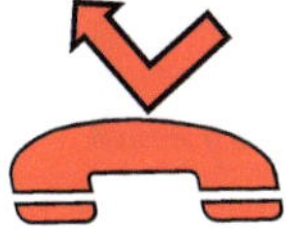

Die beiden untenstehenden Symbole haben folgende Bedeutung:

1) Der Hörer wurde abgenommen. Die grüne Farbe zeigt den Erfolg des Anrufes, die Pfeilrichtung, dass er bei mir ankam.

2) Ich habe den Hörer abgenommen und versucht, jemanden anzurufen. Pfeilrichtung weg vom Hörer, also heraus. Rot zeigt, dass dies erfolglos war.

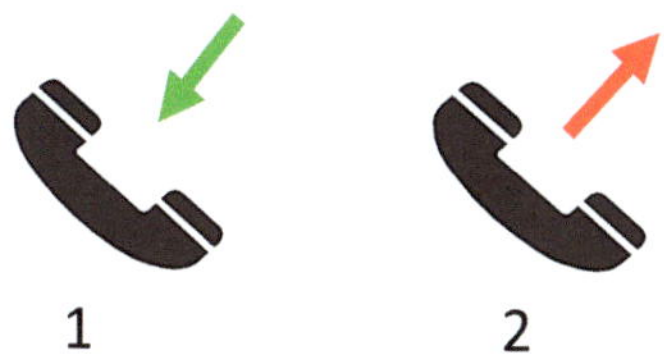

Mehr: → **Die Ampel - Farbenlehre**

Bilder, die sich – fast – selbst erklären

Beginnen wir mit dem Symbol, das wir immer im Auge haben sollten: Ladestand des Akkus.

Wir sehen eine **Batterie**. Gemeint ist der Akku des Gerätes, sowie dessen Ladezustand.

1 2 3

1) Der Akku ist fast leer

2) Das Gerät ist an Stromquelle angeschlossen

3) Der Akku ist voll

Das Zahnrad, die Zahnräder, bei denen bekanntlich eins ins andere greift und damit eine bestimmte Funktion erfüllt, steht für die **EINSTELLUNGEN**. Diese betreffen Klingeltöne, Hilfen bei Sehbehinderung (einfacher Modus, kontrastreiche Schriften), Sicherheitsmaßnahmen und Vieles mehr.

Dieser Bereich ist sehr umfangreich. Es lohnt sich, nach und nach die einzelnen Themen, zu denen auch die Sicherheit gehört, in aller Ruhe anzusehen. Da es sich um Einstellungen handelt, findet man hier die anfangs erwähnten Schieberegler und die virtuellen Schalter. Hier wird tatsächlich etwas verstellt. Aber Sie wissen ja: Notizen, Screenshot. Damit sind Sie in der Lage die alten Einstellungen wiederherzustellen. → **Virtuelle Schieberegler und Tasten**

Nun ist Ihr Gehör gefordert. Mit dem Smartphone kann man nicht nur telefonieren. Auch das Musikhören einer eigenen Musiksammlung zu Hause oder im Auto bringt Spaß. Die Verbindung über Bluetooth mit einem kleinen, aber guten **Lautsprecher** macht Sie vom Ort unabhängig.

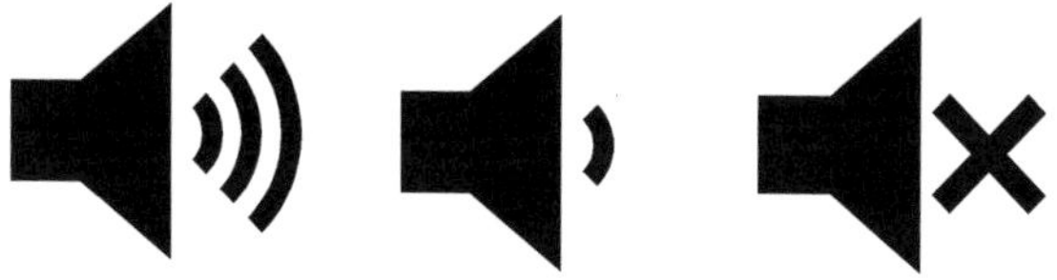

Dieser Schalltrichter erinnert an die alten Grammophone. Das erste Symbol zeigt, dass der Lautsprecher eingeschaltet ist – erkennbar an den Schallwellen. Der zweite hat nur eine Welle, ist also leiser. Entsprechend logisch ergibt sich daraus deren Funktion: gehe ich auf das linke Symbol stelle ich lauter, mit dem zweiten leiser. Das Kreuz ist das Symbol für etwas Deaktiviertes, Geschlossenes, Quittiertes. Der Lautsprecher ist demnach abgeschaltet. → **Die 4 Grundrechenarten**

Auch dieses Bild erkennen zumindest die Älteren: es ist ein **Mikrofon**. Wenn ich dieses antippe,

kann ich mit Hilfe der Sprache bestimmte Befehle geben – beispielsweise bei der Suche im Store, Navigation oder Internetrecherche.

Falls Sie die App Diktiergerät verwenden sollten, ist das Mikrofon automatisch aktiviert. Dieses ist praktisch, wenn man gerade kein Schreibgerät zur Hand hat und etwas Wichtiges zu notieren wäre.

Bei der Anzeige ist die **HELLIGKEIT** des Bildschirms für die Sichtbarkeit von großer Bedeutung. Die Sonne ist das zugehörige Symbol. Mit einem Schieberegler

kann ich die Helligkeit von hell nach dunkel und umgekehrt einstellen. Auch auf der PC-Tastatur finde ich die letzten beiden Symboltypen. Mehr dazu:

→ **Fn – Funktionstaste**

Logisch ist auch das Symbol der Lupe mit den mathematischen Zeichen Plus und Minus. Was machen wir mit einer Lupe? Diese verwenden wir, wenn wir Details besser erkennen oder kleine Schriften vergrößern wollen. Nichts anderes mache ich mit dieser virtuellen Lupe: die Anzeige **vergrößern oder verkleinern**. Bei den Lesedateien im PDF-Format findet man dieses eindeutige Symbol.

Ich sagte, dass wir mit einer Lupe Details besser erkennen können. Deshalb benutzen wir sie auch, um in einem Gemisch sehr kleiner Teile ganz bestimmte Formen oder Farben herauszu**suchen**. Damit fällt auch der Begriff: **Suchen**.

Die Lupe ohne Zusatzzeichen ist das Suchsymbol schlechthin. Damit sehe ich genauer nach. Ich suche Informationen im Internet oder gelegentlich in einer App – beispielsweise dem App-Store. Meistens ist die Lupe mit einem Schreibfeld verbunden, das ich antippe und dort den Suchbegriff hineinschreibe. So komme ich schneller zum Ziel. Hilfreich ist dies auch bei den Kontakten. Wer viele

Kontakte hat, wird diese Unterstützung zu schätzen wissen. Fangen Sie an einen Namen zu tippen. Er erscheint irgendwann als Vorschlag – nach 2, 3 oder 4 getippten Buchstaben. Bestätigen. Fertig.

Muss ich dieses Symbol erklären? Nein. Gerade die Älteren kennen schließlich diese Art von Fotoka-mera. Die in Smartphones integrierten **Kamera**s können aber mehr. Man kann Fotos machen und kleine Videos drehen. Sie merken: auch in der digitalen Welt spricht man immer noch vom Drehen eines Filmes, obwohl sich hier schon lange keine Filmrolle mehr dreht.

Früher hatte man einen Fotoapparat, in den ein 24-er und 36-er Film eingelegt wurde. Der musste vollständig belichtet werden, denn es kostete nicht wenig, den Film entwickeln und Abzüge machen zu lassen. Mit der Kamera-App heute ist es ganz anders. Ich habe die Möglichkeit, viele Bilder zu fotografieren und großzügig wieder zu löschen, wenn ich die besten ausgesucht und an einem anderen Ort gesichert habe. Viele von uns Senioren kommen oft gar nicht auf die Idee, dass die Kamera im Alltag behilflich sein kann: **als Lupe**. Gerade gestern hatte ich selbst wieder einmal so ein Problem. Ich konnte auf einem Schild die Typbezeichnung eines Gerätes nicht lesen, so klein war die Schrift. Dieses war aber notwendig, weil ich im Internet die zugehörige Gebrauchsanweisung herunterladen wollte. Gerade wollte ich eine Lupe holen, doch dann fiel es mir wieder ein: ich machte ein Foto. In der Galerie zog ich es zum Vergrößern auf. Mit der jetzt lesbaren Nummer konnte ich die Anleitung finden.

Weitere Möglichkeiten: Sie suchen an Ihrem Router auf der Unterseite den WLAN-Schlüssel. Die meisten Leute holen Papier und Bleistift und notieren die 12 Ziffern. Und nicht selten verschreiben sie sich. Das liegt nicht zuletzt auch an den so genannten Zahlendrehern. Wie kommt es dazu? Es liegt an der deutschen Sprache. Wenn Sie die Zahl 34 sehen und notieren wollen, denken Sie beim Schreiben vierunddreißig. Wir denken also zuerst die 4 und dann die 3. So kann es dann bei Unkonzentriertheit zu Fehlern beim Notieren kommen. Mein Tipp — auch für die Ansage von Telefonnummern: nennen und denken Sie die einzelnen Ziffern — also drei (3) vier (4). Viel praktischer ist es allerdings, ein Foto der Ziffernfolge zu machen. So haben Sie diese praktisch zur Hand, wenn sie zum Einrichten einer WLAN-Verbindung benötigt wird.

→ Tipps und Tricks

Auch die oftmals sehr klein geschriebenen Beipackzettel von Medikamenten werden so endlich lesbar.

Sie sind unterwegs und sehen ein Informationsschild mit den Abfahrten der Ausflugsdampfer? So eine Fahrt wollten Sie doch demnächst machen. Fotografieren.

An einem Laden ist ein Schild mit geänderten Öffnungszeiten. Fotografieren.

Die Abfahrtzeiten an der Bushaltestelle. Fotografieren.

Sie sehen, die Möglichkeiten sind unendlich. Und nach Gebrauch: ab in die Tonne.

Die moderneren Smartphones können mit Hilfe der Kamera auch direkt einen QR-Code lesen. Diese werden zur Information oder Werbung verwendet. Versuchen Sie es gleich einmal. Wenn Ihre Kamera nicht geeignet ist, können Sie eine QR-Code-App herunterladen. Aber die Qualität (Auflösung) der Kamera sollte natürlich gut sein. Ein Bild muss – ganz vereinfacht gesagt – aus einer ausreichenden Zahl von Bildpunkten, den Pixeln, bestehen.

Es lassen sich aber auch die berühmten **Selfie**s machen. Dazu wird das Symbol, das eventuell ähnlich wie eines der linksstehenden aussieht, ange-

tippt. Es symbolisiert den Wechsel der Kamera von der rückwärtigen zur Frontkamera.

Im Bereich der Kameras sind viele eigene Einstellungen zu finden. Es geht los mit der Entscheidung, ob ich ein Foto oder ein Video machen will. Soll es eine Porträtaufnahme werden oder ein Panoramabild? Ist der Blitz einzustellen? Automatisch oder gezielt? Bei der Vielzahl von Möglichkeiten hilft auch in diesem Fall wieder einmal: auswählen, antippen, ausprobieren. Löschen. Nur so entdecken Sie Alternativen zur aktuellen Einstellung.

Die Fotos werden – wie Kunstwerke – in einer **Galerie** gespeichert. Die zugehörigen Symbole sind nicht einheitlich. Sie werden diese

aber schnell entdecken. In der Galerie werden die Aufnahmen in

folgende Kategorien eingeteilt: **Kamera** (mit dem Gerät selbst gemachte Fotos), **Screenshots** (Abbildung des Bildschirmes), **Downloads** (von anderen Geräten auf mein Gerät geladene Bilder) und **Alben**. Bei den Alben ist es wie mit den alten Fotoalben. Hier sortiere ich Fotos nach Themen. Sie sollten aber daran denken Erinnerungsfotos auf einem anderen Gerät oder einer Cloud zu speichern. Früher haben wir an den langen Winterabenden Fotos in Alben geklebt. Ähnliches sollten wir auch mit digitalen Bildern machen. Ich sammle bestimmte Bilder zusätzlich auf meinem Tablet. Dieses Gerät kann ich gut zu Anderen mitnehmen und die Fotos als Diashow zeigen. Dafür brauche ich keinen Projektor oder ein Telefonbuch. (Wer diesen Hinweis versteht, ist vermutlich ähnlich alt wie ich). Das Gerät ist einerseits handlich und leicht, andererseits werden die Bilder groß genug angezeigt. Es gibt aber auch Möglichkeiten Fotos auf dem Fernseher anzusehen.

Dieses Symbol zeigt unmissverständlich eine Person. Man findet es bei den **Kontakten**, auf Internetseiten, wo eine **Personalisierung** – Anmeldung mit meinen Daten – möglich oder nötig ist.

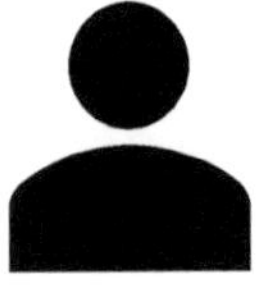

Was früher mein **Adressbuch** war, ist jetzt die Kontakte-App. Tippe ich die entsprechende Person an, finde ich deren Kontaktdaten. Jedenfalls in dem

Maße, wie ich Sie eingegeben habe: Telefonnummer/n (Festnetz und Mobil), E-Mail-Adresse, Postanschrift und evtl. noch Anmerkungen. Auch weitere Angaben und Notizen könnte ich vornehmen. Ja, die Kontaktdaten wurden in den letzten Jahrzehnten immer umfangreicher. Bei mir persönlich sah es so aus: bis Mitte der 1960-er Jahre gab es nur die Postanschrift. Dann kam eine Telefonnummer dazu. 1998 wurde das ganze ergänzt durch jeweils eine GEMEINSAME Mobil-Telefonummer und E-Mail-Adresse. Dann irgendwann in den Nuller Jahren hatten mein Mann und ich jeweils eine eigene Mobil-Telefonnummer und E-Mail-Adresse. Etwas anderes ist für mich kaum noch vorstellbar.

Zur Kommunikation mit der jeweiligen Person – des sogenannten Kontaktes – findet man wiederum die folgenden Symbole:

Telefonieren   **Videoanruf**

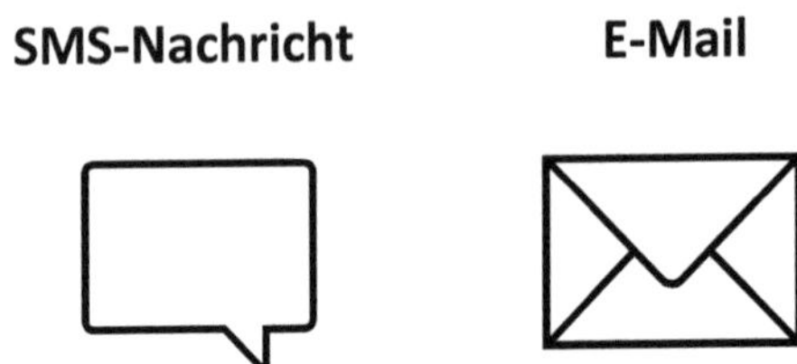

Der **Telefonhörer** als Symbol erschließt sich sofort. Aber auch die **Videotelefonie** mit der Videokamera ist logisch, vorausgesetzt, man hat davon gehört. Wenn Sie die entsprechende App auf ihrem Gerät haben, können Sie sogar ohne SIM-Karte über eine WLAN-Verbindung kostenlos mit Livebild telefonieren. Bei deren Einrichtung sollten Sie sich helfen lassen. Die Person, mit der Sie per Videoanruf kommunizieren wollen, muss allerdings das gleiche System aktiviert haben.

Die **SMS (Kurznachricht)** wird mit der Sprechblase symbolisiert.

Das ist praktisch, denn damit kann ich jemanden ohne Anruf erreichen. Die SMS hat in den letzten Jahren an Bedeutung verloren, da viele Menschen Messenger-Dienste (sprich: Mässändscher) in Anspruch nehmen. Vermutlich sind auch Sie bei WhatsApp oder wollen es aktivieren, da Familie und Freunde dabei sind. Dann werden Sie allerdings mehr Nachrichten erhalten, als Ihnen – manchmal – lieb sind.

Der Briefumschlag mit oder ohne @-Zeichen (sprich: Ätt) ist häufig als **E-Mail**-Symbol zu finden. Der Briefumschlag zeigt, dass die elektronische Post ähnlich wie die analoge funktioniert. Ich verschicke Nachrichten von meiner (E-Mail)-Adresse zu einer anderen Adresse. Im Prinzip ganz einfach.

Nicht immer will man nur etwas schreiben, sondern auch ein Dokument oder Foto mitverschicken.

Wie Sie es beispielsweise von Bewerbungs-schreiben kennen: Man schreibt den eigentlichen Brief und erstellt einen **Anhang** mit weiteren Informationen wie dem Lebenslauf. Die Büroklammer macht das sehr deutlich.

Soll ein Bild direkt in den Text eingebunden und nicht nur angehängt werden, wird statt der Büroklammer das Bild- bzw. Foto-Symbol mit der Berglandschaft verwendet. Auch in anderen Zusammenhängen findet es Verwendung.

Bei Nachrichten wird inzwischen neben dem Text auch gerne mit diversen **SMILEYS** gearbeitet.

Hinter diesem guten alten Bekannten verbirgt sich heute eine Vielzahl sehr unterschiedlicher Symbole (Icons), die dröge Nachrichten etwas aufpeppen können. Um auf dem Smartphone oder Tablet wieder zur Tastatur zu wechseln, drücken Sie das entsprechende **Tastatur**-Symbol.

Haben Sie früher auch Schwalben gebastelt und durch den Klassenraum fliegen lassen? Dann wird Ihnen sofort klar sein, was die Schwalbe bedeutet: Abflug. Abflug für die E-Mail. Es ist die Alternative zu dem auch verwendeten Begriff **SENDEN**.

Einer Ihrer Kontakte ist umgezogen und hat eine neue Post-Adresse. Oder die Telefonnummer hat sich geändert. Was haben Sie früher im Adressbuch gemacht? Sie haben sich einen Stift genommen und die Änderungen eingetragen.

Der Stift wird Ihnen häufig begegnen, und zwar immer dort, wo bereits ein Eintrag besteht, aber geändert werden soll. Es handelt sich ganz einfach um das Symbol für **BEARBEITEN**. Seit Kurzem hat er in meiner E-Mail-App die Bedeutung: Neue E-Mail schrieben.

Die Glühbirne – ich weiß, korrekt heißt sie Glühlampe – ist erhellend; nicht nur früher in unseren Räumen, sondern auch im geistigen Sinne. Wer früher die Micky Maus Comics gelesen hat, erkennt darin das Helferlein von Daniel Düsentrieb. Wir gewinnen demnach neue Erkenntnisse, wenn wir dies

Symbol antippen. Es bedeutet IDEE oder auch **HILFE**.

Aber auch das Fragezeichen, sowie das i, das für **Information** steht, kann bei Fragen weiterhelfen. Sie bieten also auch **HILFE**. Zu finden sind diese Zeichen in Apps, Textverarbeitungsprogrammen, Webseiten - also bei Smartphones **und** Notebooks.

Mein Herz – mein Stern: Liebesbezeugungen.

So ist es auch in der digitalen Welt. Hiermit können ausgewählte Kontakte, Reiseziele und anderes im Internet   markiert werden. Es sind die **FAVORITEN**. Der Sinn besteht darin, bestimmte Inhalte ganz schnell wieder zu finden. Man sollte damit also nicht inflationär umgehen. Wenn fast alle Kontakte zu den Favoriten gehören, macht das Prinzip keinen Sinn mehr.

Jetzt **läuten** die Glocken – oder auch nicht. Die  Glocken dienten früher, und teilweise auch heute noch, in unserem Kulturkreis als Zeitansage. Fast noch wichtiger war/ist aber deren Funktion als Signal. Die Gläubigen sollen zum Gottesdienst in die Kirche gehen. Aber auch bei Nutztieren in unübersichtlichen Gebieten werden gerne Glocken benutzt. Schließlich ist der Vorläufer der modernen Hausklingel eine kleine Glocke an der Haustür, mit der geklingelt wurde. Auf dem Smartphone ist die Bedeutung eine ähnliche. Die Glocke zeigt ein Tonsignal an, den Klingelton. Und es kann passieren – ich weiß, wovon ich spreche – dass der Klingelton aus Versehen ausgestellt wurde. Sehr ärgerlich!

Das Flugzeug zeigt den sogenannten Flugzeugmodus, der auch zu anderen Gelegenheiten als dem Fliegen sinnvoll sein kann. Es symbolisiert das **Ausschalten aller Funkverbindungen – Mobilnetz, WLAN, Bluetooth**. Bei Flügen erfolgt meist die Ansage, die Laptops und weiteren Mobilgeräte auszuschalten oder in den Flugzeugmodus zu versetzen. Über den Sinn und Unsinn dieser Maßnahme gibt es unterschiedliche Meinungen. Aber manchmal ist es sinnvoll, die Verbindungen zu unterbrechen; oft auch aus Sicherheitsgründen. Man muss nur rechtzeitig wieder daran denken, das Gerät wieder zu verbinden.

Wo wir gerade bei der Fortbewegung sind: Smartphones und Internet bieten heute komfortables Landkartenmaterial zur **Reiseplanung** oder **Navigation**. Man sollte sich die Möglichkeiten, die die App oder Anwendung auf dem PC zeigt, sehr genau ansehen. Sollten Sie eine Radtour mit einem Routenplaner vorbereiten und die Einstellung AUTO ist aktiviert, werden Sie mit dem Fahrrad auf der

Autobahn zu *dem* Ereignis in den Nachrichten. Je nach Art der Fortbewegung wählen Sie bitte eines der eindeutigen Symbole aus. Nur so kann das Programm die für Sie richtigen Straßen und Wege aussuchen. Also keine Autobahn für Fußgänger und Radfahrer; keine Feldwege für Autofahrer.

Das Auge steht für Sichtbarkeit oder – durchgestrichen – das Gegenteil. Auf einigen Webseiten, bei denen man registriert ist, und sich mit seinem Passwort   einloggen muss, sieht man dieses Symbol. Leider ist es noch viel zu selten,

denn die kurzfristige **Sichtbarkeit** des Passwortes auf meinem Gerät ist bei der Eingabe sehr hilfreich. Auf fremden Geräten, oder wenn jemand in meiner Nähe ist, sollte ich darauf lieber verzichten. Mit Passwörtern sollte man im Übrigen sehr sorgsam umgehen und diese sicher verwahren.

Ein Auge kann aber auch auf Smartphones sichtbar werden, wenn dieses so eingestellt ist, dass es aktiv bleibt, solange jemand draufschaut. Das ist unabhängig vom eingestellten sogenannten Time Out (sprich: Teimaut), also der Zeit, bis das Gerät in den Ruhemodus wechselt. Es steht aber auch für **öffentlich**. Bei bestimmten Anwendungen bedeutet das Augen-Symbol „öffentlich sichtbar".

Sie haben sich in einem Online-Shop angemeldet und wollen **einkaufen**. Sie suchen sich etwas aus und legen die Ware durch Anklicken oder Antippen in den Einkaufswagen. Bevor Sie zur Kasse gehen, sollten Sie dessen Inhalt aber unbedingt noch einmal überprüfen. Achten Sie dabei besonders auf das Produkt, dessen Anzahl, sowie Versandkosten und natürlich die Lieferadresse. Lassen Sie sich unbedingt genügend Zeit, alles genau zu überprüfen. Erst wenn Sie sicher sind, dass alles stimmt, tippen oder klicken Sie auf JETZT KAUFEN.

Im Internet findet man neben der Adressleiste hoffentlich ein graues Schloss. Die Seite ist **verschlüsselt** und soll damit sicher vor dem Ausspionieren sein.

Befindet sich im Schloss ein gelbes Warndreieck ist die Verschlüsselung nicht vollständig und damit nicht abhörsicher. Beim Klicken auf das Schloss erhält man nähere Informationen. Aber verschlüsselte Inhalte bedeuten nicht zwangsläufig, dass die Seite auch seriös ist.

 tredition.de/mein-kontc

Die Seriosität im gezeigten Beispiel ist selbstverständlich gegeben.

Ein offenes Schloss zeigt immer eine unverschlüsselte Verbindung an. Das ist bedenklich. Man sollte also doch gelegentlich darauf achten.

Was wollen uns diese Symbole sagen?

Einige Symbole lassen sich den oben genannten Kategorien nicht ohne weiteres
zuordnen. Deren Bedeutung erschließt
sich – digitalen Anfängern – nicht spontan.
Deshalb eine Sammlung zunächst merkwürdig er-
scheinender Zeichen.

Diese 3 Symbole stehen für eine **WLAN** (WIFI)-
Verbindung, die auch gleichbedeutend mit dem Zu-
gang ins weltweite Netz (Internet) ist. Auf meinem
Windows-Notebook finde ich die Erdkugel mit
Kreuz, wenn das Gerät nicht verbunden ist. Das
zweite Symbol zeigt eine bestehende Verbindung.
Das rechte Symbol zeigt die WLAN-Verbindung auf
meinen Android-Geräten an. Man sieht es aber
auch an vielen Orten – Bahn, öffentliche Gebäude,
Geschäftszentren – an denen WLAN verfügbar ist.
Sollten zusätzliche Zeichen – wie ein gelbes Warndreieck oder ähnliches - im Symbol enthalten sein,
informieren Sie sich bitte im entsprechenden Kapitel.

Dieses stilisierte HB ist das **Bluetooth**-Symbol. Es ist das Monogramm des dänischen Königs Harald Blauzahn und besteht aus den Runen H und B. Mit der Aktivierung von Bluetooth auf zwei Geräten stelle ich eine kurze Funkverbindung zwischen beiden her. Dazu müssen beide sichtbar füreinander sein. Was bedeutet dies? Zunächst gehen Sie in die **Einstellungen** und dort wiederum zu den Verbindungen, bis Sie schließlich Bluetooth auswählen. Bei einigen Geräten müssen Sie erlauben, dass Ihr Gerät für andere „sichtbar" ist, es also Funkwellen empfangen und senden kann. Nun „erkennen" sich beide Geräte und man gibt den Befehl zum Koppeln, wenn man denn den Namen oder die Nummer des Gerätes kennt. Sollten Sie in einer großen Gruppe sitzen, werden unter Umständen mehrere Geräte angezeigt. Es ist **daher** sinnvoll, dem eigenen Gerät einen anderen – als den werksseitig vergebenen – **Name**n zu geben. Auch dieses ist im Bereich der **Einstellungen** möglich. Ganz unten unter **TELEFONINFO** ist es bei meinem Gerät möglich. Nachdem ich also den Kopplungsbefehl gegeben habe, wird jeweils ein Zahlencode verschickt. An beiden Geräten wird der jeweilige Code bestätigt. Sie sind jetzt miteinander verbunden und ich kann diese Verbindung jederzeit nutzen. Die Bluetooth-Verbindung muss natürlich aktiv sein und die Entfernung der Geräte relativ gering. Aber keine Angst; die andere Person kann nicht den Inhalt Ihres Smartphones sehen oder lesen. Und in größerer Entfernung wird die Verbindung unterbrochen.

Sie haben ein Foto gemacht und wollen es jemandem, mit dem Sie gerade zusammen sind, schicken. Die Kopplung ist bereits erfolgt. Tippen Sie in der Galerie auf das Foto. Es können diese Symbole

erscheinen. Zwei sind schon bekannt und selbsterklärend.

Das erste Symbol bedeutet **TEILEN** oder **FREIGABE**. Es erinnert an eine Weggabelung. Vom  Standpunkt links ergeben sich zwei neue Wege. Der Weg teilt sich. Oder anders gesagt: ich schicke etwas an eine, zwei oder mehrere Personen.

Ich möchte dieses Bild also mit jemandem teilen, d.h. eine andere Person erhält von mir dieses Foto. Tippe ich auf das Teilen-Symbol, erscheinen viele weitere Symbole – dabei das Bluetooth-Symbol. Dieses tippen Sie an. Sie wählen aus der Liste der gekoppelten Geräte das gewünschte aus: Hat die

Person ihrem **Smartphone** den **Namen Herbert** gegeben, erscheint – wie schon bei der Kopplung – dieser Name. Antippen. Das Bild wird jetzt auf Herberts Smartphone geschickt, wenn er auf seinem Gerät sein ok gegeben hat. Das gelingt, wie schon erwähnt, nur, wenn er in der Nähe ist. Das Verschicken von Bildern per Bluetooth ist sinnvoll, wenn sie sich in einer Gruppe befinden. Vielleicht erleben Sie demnächst den Austausch von Fotos nach einer Tour mit einer Wandergruppe. Auch zu Hause können Sie per Bluetooth ihre Fotos vom Smartphone auf ihr Notebook schicken. Ohne Kabel.

Es lässt sich aber auch – ausgehend vom Teilen-Symbol – mit einer WLAN-Verbindung oder mobilem Datenvolumen – das Bild an eine andere Person per E-Mail oder WhatsApp schicken.

Der schnellste Weg, ein Foto oder aber Screenshot zu verschicken: **sofort** nach der Aufnahme erscheint dieses Teilen-Symbol. Antippen, beispielsweise E-Mail wählen, Adresse antippen und auswählen, Betreff, liebe Grüße und senden. Natürlich lässt sich dieses auch später machen, indem man das Foto antippt.

Sollte das Bild noch nicht optimal sein, können Sie es vorher noch zurechtschneiden oder in anderer Weise bearbeiten. Den STIFT als Symbol für die Bearbeitung haben Sie schon kennen gelernt.

Die ineinander verbundenen Kreise, die man aus der Farbenlehre kennt, ermöglichen die Neueinfärbung des Fotos. Es lässt sich auf alt trimmen in schwarz-weiß oder chamois. Oder aber pink, blau oder gelb.

Dieses Zeichen steht für das Beschneiden des Bildes.  Bei genauer Betrachtung leuchtet dies ein. Die Ecken des Bildes wurden hier nach innen geschoben, erkennbar an den sich überlappenden Linien. In diesem Fall wurde es verkleinert.

Gefällt das Bild nicht? Dann machen Sie ein neues. Für das erste Bild heißt es: ab in die Tonne.

Auch das folgende Symbol wird Ihnen auf allen Geräten begegnen. Natürlich bei den Fotos, aber auch den Texten. Falls Sie es nicht sofort erkennen: Es ist ein **Drucker**. Wenn man es weiß, ist es auch  ganz klar. Das ist eine Kiste mit einem bedruckten Stück Papier, symbolisiert durch zwei Linien. Am Laptop haben Sie vermutlich den Drucker schon eingerichtet. Falls Sie auch vom Smartphone oder Tablet etwas ausdrucken wollen, benötigen Sie zunächst einmal einen WLAN-Drucker. Dazu gehört natürlich auch wieder eine entsprechende App des Herstellers. Ich benötige dies nicht. Vieles, was ich früher ausgedruckt und abgeheftet habe, wird heute digital sortiert und gespeichert. Das spart viel Geld. Es müssen weniger Papier, Druckertinte oder Toner gekauft werden. Denken Sie aber bitte daran, Ihre digitalen Dokumente und Ordner zu sichern. Auf einem Stick oder in der Cloud.

Linien sehen wir auch auf dem folgenden Bild – dahinter ein weiteres Quadrat. Dieses Bild symbolisiert das **Kopieren** von Texten. Zunächst muss die Auswahl aber markiert worden sein. Dazu setze ich den Cursor vor den Text, klicke mit der Maus (PC) oder tippe mit dem Finger darauf. Wichtig ist in beiden Fällen: ich muss mit dem Finger auf der Maus bzw. auf dem Text bleiben. Ich ziehe die Maus oder den Finger, soweit ich kopieren möchte. Der Text ist jetzt **blau unterlegt – markiert**. Zum **Kopieren** tippe ich das erste Symbol an. Der Text landet in der Zwischenablage und kann an anderer Stelle eingefügt werden. Welche Stelle? Textdokumente, Suchleiste der Internet-Suchmaschine, E-Mail und andere. Das **Einfügen** wird durch das zweite Symbol – ein Klemmbrett, an das ich etwas anklemme, gekennzeichnet. Der bereits vorhandene Text bleibt

 an der alten Stelle auch erhalten – er wurde ja kopiert. Wenn ich aber eine Textpassage an eine andere Stelle verschieben möchte, ist es sinnvoll, den Text auszuschneiden. Ich markiere, wie beschrieben. Tippe auf die Schere – **ausschneiden** – und füge an der Stelle ein, wohin ich den Cursor setze.

Wie so häufig: wenn man erst einmal weiß, was diese beiden Symbole bedeuten, leuchtet dies auch sofort ein. Diese zwei sind die häufigsten, die mir anzeigen, dass ich hier die **Schrift vergrößern** kann. Man findet dies in Textverarbeitungsprogrammen oder aber in der elektronischen Zeitung.

$$A+ \qquad A^A$$

Dieses zunächst merkwürdig erscheinende Etwas ist ein **Lesezeichen**. Die Älteren kennen sie noch. Oftmals waren es kleine Kunstwerke, die man zwischen die Buchseiten steckte, an denen das Lesen unterbrochen wurde. Und genau diese Funktion hat das Symbol. Es markiert bestimmte Positionen in Büchern, Dokumenten, Zeitungen – allerdings den digitalen in diesem Fall.

Sollten Sie ein Video ohne störende Ränder ansehen wollen, müssen Sie den **VOLLBILDMODUS** aktivieren. Diese gezeigten Symbole sind üblich. Zum Beenden einfach die Taste Esc (escape) drücken.

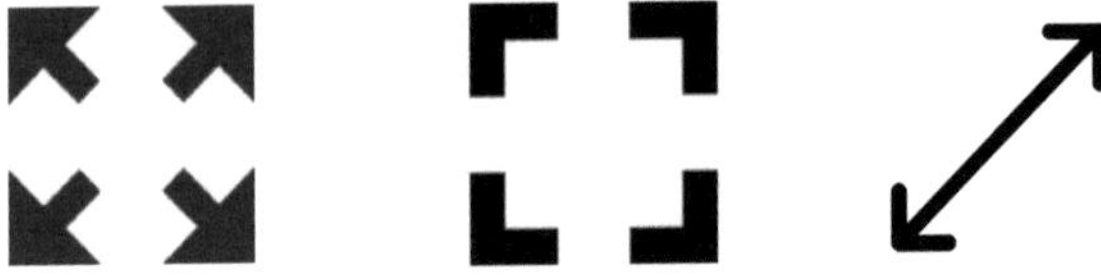

Wenn Sie nach bestimmten Orten auf einer digitalen Landkarte suchen oder sogar die Navigation mit Hilfe des Smartphones nutzen wollen, treffen Sie natürlich auch auf immer wiederkehrende Symbole.

Karte mit PIN- Punkt

Der PIN-Punkt, meistens rot, zeigt den **Standort des Gesuchten** an: das Ziel. Dies können Hotels, Restaurants, Tankstellen oder Sehenswürdigkeiten sein.

Bei der **Navigation** oder **Routenplanung** gebe ich das Ziel ein. Sie müssen aber auch den Startpunkt angeben. Sollten Sie eine Fahrt nur **planen** wollen und befinden sich gerade in einem Café, ist der Startpunkt Ihre **Heimatadresse**. Ich gehe davon aus, dass die Fahrt Zuhause beginnt. Würden Sie dieses nicht aktiv eingeben, wäre der **Startpunkt** identisch mit dem **Standort** – dem Café. Bei einer tatsächlichen Navigation ist der Start immer an dem Ort, an dem Sie sich gerade befinden

Dank **GPS** weiß das Gerät, **wo** Sie sich **aktuell aufhalten**. Es ist so, wie mit dem Navi im Auto. Das weiß auch immer, wo Sie sich befinden. Das Symbol ist zwar eine Zielscheibe, steht aber nicht für das Ziel, sondern den aktuellen Standort. Stellen Sie sich einfach vor: **SIE sind das Zentrum** – alles dreht sich um SIE.

Es ist möglich, bei der Navigation verschiedene Optionen einzugeben: Keine Autobahnen, keine Mautstrecken und anderes. Worauf Sie immer achten sollten ist das Fortbewegungsmittel, sonst werden Sie mit dem Fahrrad auf die Autobahn geschickt. → **Bilder, die sich – fast – selbst erklären**

Was aber nicht unmittelbar deutlich wird, ist dieses Symbol. Tippen Sie darauf, können Sie unter  verschiedenen **Kartenansichten** wählen. Neben der Standardansicht gibt es die Satellitenansicht. Diese enthält manchmal deutlichere Informationen. Hier ein Beispiel: Kürzlich ging ich durch eine mir fremde Stadt, wobei ich das Smartphone als Navigationsgerät mit eingeschaltetem Lautsprecher in der Jackentasche trug. Es funktionierte sehr gut, bis mir nach einigen Minuten gesagt wurde, ich solle links abbiegen. Dort gingen mindestens 20 Stufen zu einem Haus hoch. Das konnte doch nicht sein. Ich nahm das Gerät aus der Tasche und sah mir den empfohlenen

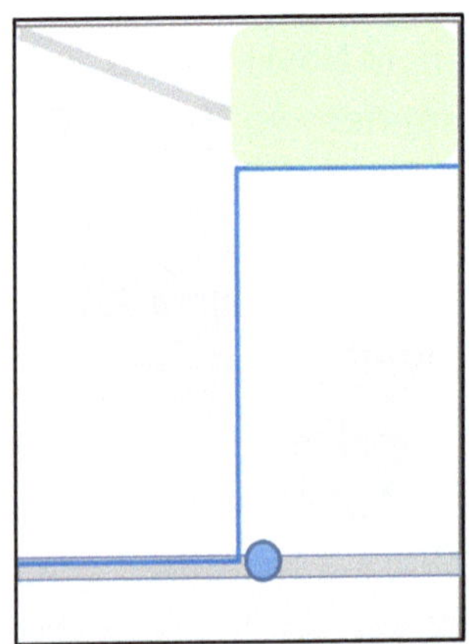

Stilisierte Collagen: Standard-Kartenansicht und Satelliten-Ansicht

Weg an. Die blaue Linie zeigt die errechnete Route, der blaue Punkt meinen aktuellen Standort. Die **Standard-Kartenansicht** zeigte das Gelände nicht deutlich – nur, wenn man ganz genau hinsieht - wohl aber die **Satelliten-Ansicht**. Ich sah das Haus und die Treppe. Oben angekommen ging es links zum Haus und für mich geradeaus, bis ich rechts auf einen Pfad stieß. Ich war auf dem richtigen Weg. Die gezeigten Abbildungen habe ich den beiden genannten Modi nachempfunden.

Das Symbol soll wohl einen Stapel Karten symbolisieren – oder eine gefaltete Karte? Beim Merken der einzelnen Symbole, deren Aussage sich mir nicht sofort erschließt, helfen auch Eselsbrücken, wie sie aus anderen Zusammenhängen schon bekannt sind. Denken Sie sich also Erklärungen aus, die ihnen beim Merken der nicht sofort erkennbaren Symbolen helfen:

- Wo ICH bin, ist das Zentrum. Das Ziel markiere ich mit einer Stecknadel.
- Die Landkarte ist gefaltet und damit ein Stapel.

→ **Tipps und Tricks**

Punkt – Punkt – Strich

Diese 3 Striche werden oft schlichtweg übersehen. Oder aber sie werden registriert, aber mangels Neugier einfach ignoriert. Dabei verbirgt sich hinter diesem Symbol das Herzstück der Apps: das **Menü**!

Menü? Das ist doch eine Speisenfolge bzw. Speisenauswahl.

Genau – nur, dass es hierbei nicht um Speisen geht, sondern um einzelne Funktionen innerhalb eines Programms oder App. Wir haben also wie im Restaurant die **Auswahl**. Oben links in den Apps ist dieses Symbol zu finden. Tippen Sie einmal darauf. Sie werden sich wundern, was es zu entdecken gibt. Zum Beispiel das Ticket in der entsprechenden App.

Wie merke ich mir dieses Symbol? Ganz einfach. 3 Striche – das erinnert an eine Stulle: oben und unten Brot; dazwischen der Belag. Welche Geschmacksrichtung? Sie haben die Wahl.

Diese Funktion wird auch als Hamburger-Menü oder Burger-Menü bezeichnet – das ist ja die heutige Stulle: Ein weiches Brötchen mit Burger-Füllung.

Aber auch hinter den 3 Punkten, die noch unscheinbarer sind, verbirgt sich ein Menü. Oben **rechts** in einigen Apps, sowie auf dem Bildschirm Ihres Notebooks sind die 3 Pünktchen oft zu sehen. Man könnte auch sagen, dass hier wichtige Funktionen auf den Punkt gebracht werden.

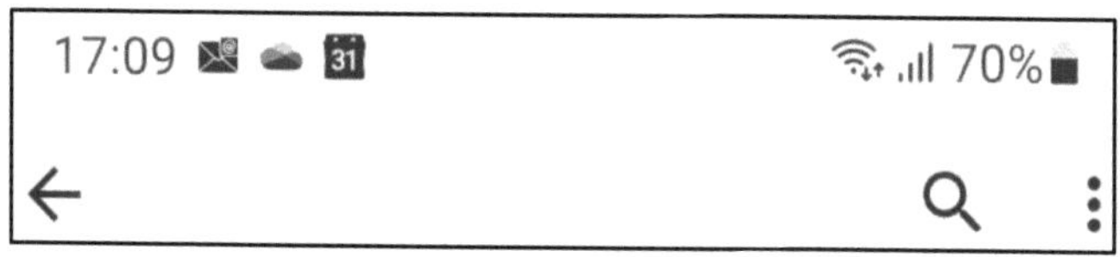

Screenshot meines Android- Gerätes

Das war es aber noch nicht mit den Punkten – da gibt es noch mehr ...

Und so, wie ich eben am Ende des letzten Satzes 3 Punkte gemacht habe, bedeuten auch diese 3 Punkte, da kommt noch etwas.

Weitere Einstellungen – dieses Symbol habe ich erst in diesem Jahr entdeckt. Ich sah es in meiner Hörgeräte-App, tippte darauf und sah, dass jetzt noch mehr Einstellungen möglich wurden.

Schließlich gibt es noch eine Kombination der Stulle und dem Trikolon (3 Punkte). Dieses Symbol steht für eine **Liste**. Listen versehen wir ja gerne mit Nummerierungen, sogenannten Spiegelstrichen oder Ähnlichem. Hier wurden zur besseren Strukturierung Punkte gewählt.

Bei all diesen Symbolen habe ich letztendlich eine Auswahl, und man sollte sie deshalb nicht ignorieren. Es kann gar nichts passieren, wenn ich sie antippe. Doch – es passiert etwas: Ich bekomme weitere Informationen.

Dieser Doppelstrich ist das **Pausenzeichen** beim Abspielen von Musik oder Videos. Wie kann ich es mir merken? Das ausgefüllte Quadrat ist der Stopp-Knopf. Beim Pausenzeichen habe ich im schwarzen Quadrat eine weiße Unterbrechung – ich unterbreche die Wiedergabe also nur. Beim erneuten Drücken > wird weiter abgespielt.

Screenshot meines Android- Gerätes
Benachrichtigungs- und Statusleiste

Oben rechts in der **Statusleiste** Ihres Mobiltelefons finden Sie hoffentlich
dieses Symbol.

Wenn Sie dagegen diese Symbole sehen oder - 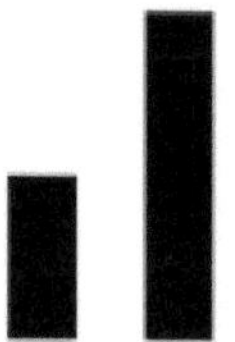 noch schlimmer - gar
keine Balken, haben Sie
ein Problem: Ein Telefongespräch wird kaum 
möglich sein. Oder,
wenn es Ihnen gelingt, ist mit Unterbrechungen zu rechnen.

Dieses Balkensymbol zeigt die **Signalstärke** des mobilen Telefonnetzes an. Beim höchsten Balken befinden Sie sich auf dem „Siegertreppchen".

Abschließend zeige ich noch 2 Striche, die auf dem Notebook von der Maus erzeugt werden. Diesen Mauszeiger (Cursor) sehe ich, wenn ich mich in einem Dokument zur Texteingabe befinde. Bewege ich die Maus, bewegt sich auch dieser Zeiger. Ist er an der gewünschten Stelle, klicke ich dort mit der linken Maustaste und der Mauszeiger ändert sein Aussehen. Er wird zu einem blinkenden Strich.

So ein Strich markiert übrigens auch bei den smarten Geräten den Ort der Texteingabe über die Tastatur. Allerdings übernimmt hier mein Finger die Arbeit der Maus.

→ Wichtige Mauszeiger

Die 4 Grundrechenarten + - x :

Falls Sie es nicht so mit der Mathematik haben: Keine Angst, Sie müssen nicht rechnen. Aber die Bedeutung dieser Zeichen ist ganz logisch und mathematisch abgeleitet.

Das Plus-Zeichen macht unmissverständlich deutlich, dass etwas **hinzugefügt** wird.

Das kann eine neue E-Mail sein oder ein neuer Termin im Kalender. Bei den Kontakten kann ich weitere Telefonnummern oder andere Daten hinzufügen.

Entsprechend kann ich mit dem MINUS-Zeichen  eine Telefonnummer wieder **entfernen.**

Auf dem **Computerbildschirm** der Anwendungen finde ich

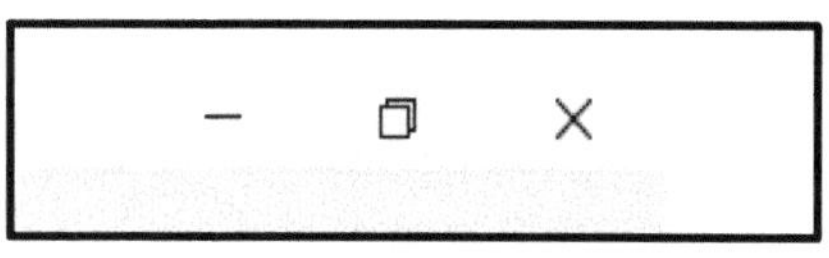

ganz oben rechts dieses Zeichen ebenfalls. Es steht für die **Minimierung** der Ansicht einer offenen Datei oder Webseite. Es befindet sich dann ganz unten auf der Taskleiste, die im Grunde – wie das Minuszeichen auch eine waagerechte Linie ist. So ist es möglich, parallel zu arbeiten. Ich könnte eine E-Mail schreiben, wobei mir einfällt, dass ich bestimmte Informationen hinzufügen wollte. Ich setze die Anwendung runter und gehe in das entsprechende Dokument, in dem ich die Informationen finde. Dann könnte ich das Dokument für etwaige weitere Benutzung minimieren, also unten ablegen. Das E-Mail- oder Browsersymbol ist unten auf der Taskleiste farbig unterlegt. Ich klicke darauf und bin wieder in der Mail. Mit ein wenig Übung können Sie die aktiven Anwendungen, die sich zeitweise im Standby-Modus befinden, gut erkennen.

Das zweite Symbol – die beiden überlagerten Quadrate – deutet an, dass ich mehrere Anwendungen parallel nebeneinander in mittlerer Größe auf dem Bildschirm anzeigen kann.

Rechts in der Abbildung befindet sich das Symbol, mit dem ich die aktuelle Anwendung beenden kann.

→ mehr dazu auf der nächsten Seite

Das PLUS steht aber auch für das Vergrößern.

 In PDF-Dateien zum Lesen und in anderen Bereichen, finden wir das Lupensymbol mit  den Zeichen PLUS und MINUS. Man ahnt es: Hier kann ich eine **Ansicht vergrößern** oder verkleinern.

Der Buchstabe A mit dem Plus gibt uns die einfache Möglichkeit einen markierten **Text zu vergrößern** oder zu verkleinern (Minuszeichen).

A+   A-

 Dann haben wir noch das x, den Rechenoperator für die Multiplikation. Es ist aber auch der Buchstabe x. Wer früher einmal Schreibmaschine geschrieben hat, erinnert sich vielleicht, dass, wenn man sich verschrieben hatte, der falsch geschriebene Text mit der x-Taste **ausge-ixt** wurde. Auch auf früheren Formularen wurde nicht Zutreffendes so unkenntlich gemacht.

Das sah dann in etwa so aus:

Ich habe mich verschrieben.

Ähnlich ist die Bedeutung bei Computern: Das Kreuz ist fast immer negativ besetzt und nicht - wie wir es auch kennen - zum Ankreuzen einer Auswahl, zum Beispiel bei einer Wahl. Das x stellt hier gewissermaßen eine Art Löschvorgang dar. Ich beende eine Anwendung – ich mache sie unsichtbar: ich schließe eine Datei oder Webseite. Wie das MINUS-Zeichen finde ich es ganz oben rechts auf dem Computerbildschirm.

Aber auch auf den smarten Geräten begegnet man diesem Zeichen.

Ich **quittiere** also einen Vorgang oder Ähnliches.

Ein **X** neben dem blassen Balkensymbol der **Signalstärke** bedeutet: kein Mobilnetz.

Da ich hier die Zeichen der Grundrechenarten und deren erweiterte Bedeutung in der digitalen Welt behandle, darf die Division nicht fehlen. Hierfür gibt es bekanntlich verschiedene Symbole.

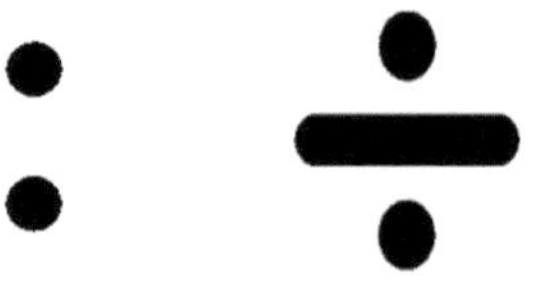

Von den 3 möglichen Zeichen zur Division hat – meines Wissens - nur der Schrägstrich, engl. Slash (sprich: ßläsch), Bedeutung. Er ist das Trennzeichen in den Internetadressen – dem dortigen Pfad. Er trennt also die einzelnen Ebenen, die hierarchisch aufgebaut sind. Man kann es sich so vorstellen: Ich komme von der Autobahn, nehme die Bundesstraße, schließlich die Kreisstraße, bis ich auf der Dorfstraße lande, wo sich mein Ziel befindet. Von der gleichen Autobahnabfahrt kommend, kann ich natürlich auch einen anderen Weg, also ein anderes Ziel wählen. Oder aber es geht noch weiter von der Dorfstraße auf einen Feldweg.

https://tredition.de

https://tredition.de/mein-konto/

Ich habe dies oben einmal mit der Internet-Adresse meines Verlages gezeigt. Das erste Beispiel ist die Internetadresse der Webseite. Um im genannten Beispiel zu bleiben: die Autobahn.

Getrennt durch den Schrägstrich befinde ich mich auf einer untergeordneten Ebene – meinem Benutzer-Konto, wo ich angemeldet bin. Hier befinde ich mich im übertragenen Sinn auf einer Bundesstraße.

Und so geht es mit dem Schrägstrich auf dem Pfad weiter zu immer mehr untergeordneten Funktionen.

Dieses System kennen wir auch aus der Natur: Bäume vom Stamm bis zum kleinsten Zweig, Blutgefäße von den Hauptschlagadern bis hin zu den allerfeinsten Kapillaren.

Dieses Prinzip – diese Hierarchie – hat man ebenfalls auf dem Computer. Um dessen Struktur besser verstehen zu können, werde ich versuchen, dies bildlich darzustellen. Stellen Sie sich vor, der Computer wäre ein Haus. Darin befinden sich mehrere Zimmer. Im Wohnzimmer in der ersten Etage befinden sich die Fotoalben, im Erdgeschoss in der Küche die Kochbücher, sowie im Arbeitszimmer ein großer Aktenschrank. Im Computer haben wir den großen **Ordner** der **EIGENEN DATEIEN**. Das ist im

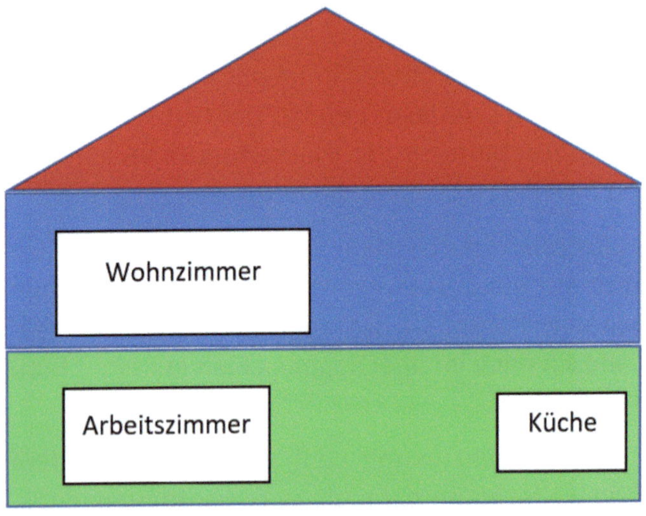

Eigene Collage

übertragenen Sinn der **Wohnbereich** des Hauses. Die einzelnen Zimmer sind hier Unterordner mit dem Namen **BILDER** (wie das Wohnzimmer in der ersten Etage) und **DOKUMENTE** (Erdgeschoss mit Küche und Arbeitszimmer). Im Wohnzimmer finden Sie alle Fotos, die Sie in Ihrem Leben gesammelt haben, in Alben und auch einzeln in Schachteln. Innerhalb des Ordners Dokumente (im Erdgeschoss) befindet sich die virtuelle Sammlung der Kochbücher aus der Küche im Unterordner REZEPTE. Dort wiederum sind die einzelnen Rezepte zu finden. Wie auf den Buchseiten finde ich dort jeweils ein Rezept. Diese könnte ich natürlich ausdrucken und in einem realen Ordner abheften. Das wäre dann mein eigenes Kochbuch mit den Lieblingsrezepten.

Im Arbeitszimmer befindet sich Ihr Aktenschrank. Darin haben Sie nun tatsächlich Ordner – wie auf dem Computer – in dem sich Hefter, Klarsichthüllen und lose Blätter befinden. Die Ordner selbst haben nur einen Namen – sowohl auf dem PC als auch in der Realität. Sie haben vielleicht in einem Ordner alle Versicherungsunterlagen abgeheftet. Er ist also mit dem Begriff VERSICHERUNGEN beschriftet. Aber die beschrieben Blätter, die sich schließlich darin befinden, sind die Dateien. Dateien sind also Textdokumente, aber auch Fotos – Kurz – all das, was Daten enthält.

Diese Hierarchie, die auch bei den Einstellungen und in den Menüs der Anwendungen zu finden ist, stelle ich noch einmal anders dar.

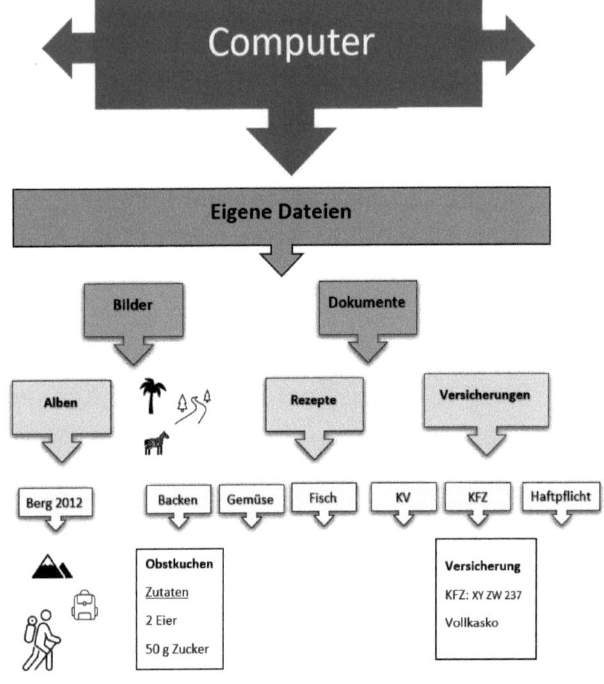

Eigenes Fließdiagramm

Sie überlegen, was sich im Dach, sowie dem Keller des Hauses befindet. Im Keller läuft der Motor (Betriebssystem), der alle Aggregate des Hauses antreibt. Auf dem Dachboden stehen die Bauteile der „Rechenmaschine". Denn nichts anderes macht der Computer: Er rechnet. Der Begriff COMPUTER stammt übrigens von dem lateinischen Begriff computare, was zusammenrechnen bedeutet.

Geometrische Formen

Bei geometrischen Formen denken fast alle an Kreise, Dreiecke, Rechtecke und gleichzeitig an die Geometrie-Klausuren in der Schule. Die Art *dieser* Prüfung ist aber eine andere: Sie müssen nur lernen, diese Zeichen in ihrer Anwendung zu verstehen.

Ohne dieses Symbol geht bei vielen Geräten gar nichts. Es kann unterschiedlich gefärbt sein oder einen farbigen Hintergrund haben. Man findet diesen Ein- und Ausschalter auch auf elektrischen Zahnbürsten, Kaffeeautomaten, Herden und modernen Radios. Der Strich kann als 1 – **Einschalten** – interpretiert werden, der offene Kreis lässt sich als unterbrochener Stromkreis – **Ausschalten** – deuten.

→ **Einschalttaste an Smartphone und Tablet**

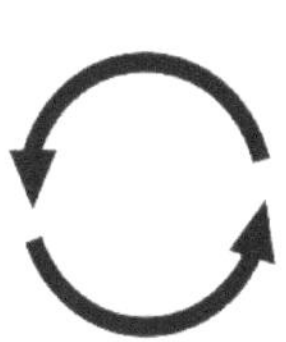

Dieser Kreis mit 2 Pfeilen kann in unterschiedlichen Funktionen von Bedeutung sein. Er symbolisiert einen **Wechsel**. Dies kann beispielsweise, wie schon erwähnt, der Kamerawechsel zwischen der Front- und der „normalen" rückwärtigen Kamera sein.

Da ich nicht auf alle Möglichkeiten eingehen kann, ist es sinnvoll, zu verstehen, dass ähnliche Symbole einen Wechsel darstellen können.

Bei den Grundrechenarten bin ich auf das Minuszeichen zur Minimierung der Ansicht einer Anwendung eingegangen. Das X quittiert, schließt also die Anwendung. Im dortigen Kapitel wurde zusätzlich der Vollständigkeit halber auch auf das mittlere Symbol eingegangen. Da sich dieses Bild in Anwendungen **immer** auf Ihrem **Computer-Bildschirm**

ganz oben rechts befindet, sollte man wissen, was es bedeutet.

Das Quadrat in der Mitte weist darauf hin, dass

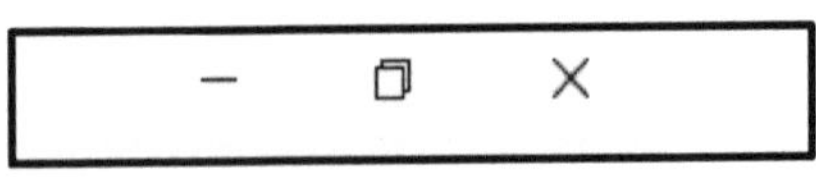

Sie durch Anklicken die volle Ansicht des aktuellen Dokumentes erhalten. Dieses sehen Sie, wenn Sie vorher dessen Ansicht verkleinert hatten, wobei Sie gleichzeitig andere geöffnete Dokumente sehen konnten. Oder aber auch nur den Startbildschirm.

Diese Verkleinerung erfolgte durch Antippen der überlappenden Quadrate (Mitte).

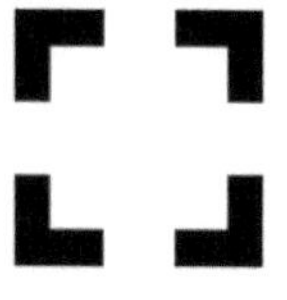 Dieses unterbrochene Quadrat steht für Vollbild. Es ist beim Abspielen von Videos am Rand zu sehen. So stört beim Ansehen des Filmes kein Rand. Beenden mit Esc (Escape).

Das erste Symbol – ein Dreieck – wird auch bei den nachfolgenden Pfeilen behandelt; schließlich ist es eine Pfeilspitze. Sie steht für das Abspielen der Musik, des Filmes. Das ausgefüllte Quadrat stoppt den Vorgang.

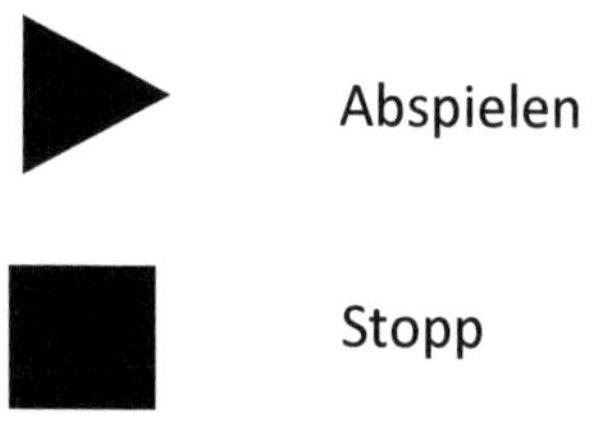 Abspielen

Stopp

Bringe ich eine weiße Linie in das schwarze Quadrat, ist die Füllung unterbrochen. Genau das ist auch dessen Funktion.

Pause, Unterbrechung

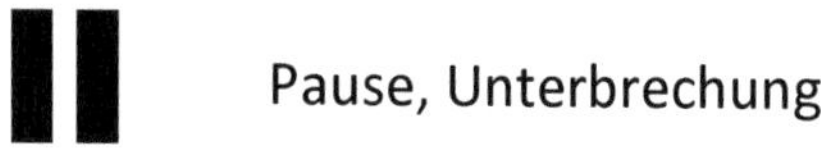 **Punkt – Punkt - Strich**

Pfeile – links, rechts, hoch und runter

Pfeile geben uns im Alltag eine Richtung vor. Wir – in Europa – schreiben von links nach rechts. Dies zeigt demnach das Weiterkommen an.

Entsprechend geht es mit dem Pfeil, der nach links zeigt, zurück. Wir finden diesen Pfeil auf Internetseiten und Apps.

Ich beginne, weil ich ihn am häufigsten benötige, mit dem „Rückwärtsgang".

Auf **Internetseiten oder in Apps** finde ich folgende mögliche Pfeilformen, die, wenn ich sie antippe, mich einen Schritt zurückbringen.

Dieser Vorgang ist sehr wichtig, und man sollte ihn kennen. Sie haben Ihre Bildergalerie geöffnet und betrachten die neuesten Fotos. Sie wischen nach links, um das nächste Bild anzusehen. Schließlich sind Sie fertig und wollen **ZURÜCK** zur Übersicht, um dort vielleicht ein älteres Bild zu suchen. Durch das Antippen des Pfeiles gehen Sie diesen einen Schritt zurück.

Ganz unten auf Ihrem Smartphone oder Tablet befinden sich die 3 wichtigsten Symbole – von links:

Liste der geöffneten Apps, **Hometaste**, **Zurück-Pfeil**. Diesen anzutippen sollte eine der wichtigsten Handlungen beim Bedienen des Tablets oder Smartphones sein, denn ich muss ständig einen Schritt zurückgehen, so wie ich es beim Ansehen von Fotos erklärt habe.

Auch bei der Eingabe von Text in einem Textverarbeitungsprogramm – ob auf dem Notebook oder Tablet – kann ich mit dem Pfeil etwas rückgängig machen. Ich weiß nicht, wie oft ich dies schon gemacht habe. Unzählige Male. → **Pfeiltasten**

Der gebogene Pfeil nach links ist übrigens auch das Zeichen, mit dem ich auf eine geöffnete E-Mail direkt antworte. Wie kann ich es mir merken? Ganz einfach: ZURÜCK zum Absender. Aber nicht in dem Sinne, dass ich die Annahme verweigere. Vielmehr gebe ich eine Antwort auf die Mail. Dabei wird auch der ursprüngliche Text weiterhin angezeigt. So kann es x-mal hin- und hergehen – so lange, bis ein Thema erledigt ist.

Das folgende Zeichen kombiniert den Pfeil, der zurück bedeutet, mit dem Kreuz, mit dem ich etwas stoppe, beende, quittiere.

⟨X⟩ Dieses **Symbol auf der Tastatur** der smarten Geräte löscht das letzte eingegebene Zeichen linksstehend. **→ Smarte Tastatur**

Wir sahen eben die nach links orientierten Rückwärtspfeile. Entsprechend geht es mit der Rechtsrichtung **VORWÄRTS**.

Auch diesen Pfeil finde ich bei geöffneten E-Mails. Ich kann damit diese Mail an einen weiteren Adressaten weiterleiten.

Und wenn ich, wie eben beschrieben, in einem Textverarbeitungsprogramm mit dem Pfeil nach links eine Eingabe rückgängig gemacht habe, so kann ich diesen SCHRITT mit diesem rechtsgerichteten Pfeil wiederum rückgängig machen. So ist der ursprüngliche Zustand wiederhergestellt.

Bei vielen Anwendungen muss ich mit einem Haken – einer Pfeilspitze – etwas bestätigen. Meistens ist dies mit dem Speichern verbunden. Dieser Haken ist oftmals grün oder befindet sich weiß in einem grünen Feld. Ich stelle immer wieder fest, dass ich ihn nicht immer sofort sehe und nach dem Begriff **SPEICHERN** suche.

 Diesen Haken mache ich auch beim Markieren von mehreren Bildern und Dokumenten, um mit diesen bestimmte Aktionen durchzuführen →**Tippen: Kurz – Lang - Kurz**

In manchen Apps – zum Beispiel dem DB- Navigator – finde ich meistens rechts ziemlich unscheinbare Pfeilspitzen. Diese geben mir aber wichtige Informationen, wenn ich mit einer Gruppe reisen oder etwas zur Barrierefreiheit wissen möchte. Mit der Pfeilspitze, die nach unten zeigt, öffne ich den darunter versteckten Text. Das rechte Symbol schließt diese Erweiterung wieder.

Aber auch im Internet können Sie Sie diese Pfeile entdecken. Sie sind sehr unscheinbar und leicht zu übersehen. Ich habe sie hier extra groß dargestellt, wie auch andere teilweise unscheinbare Zeichen. Diese wahrzunehmen ist eine wichtige Übung, um mehr Informationen zu erhalten. Alternativ findet man auch das Informationssymbol.

Bei **Musik und Filmen** benutze ich die Medien-Player (Spieler), die auch mit Pfeilen arbeiten. Dabei ist es egal, welches Gerät benutzt wird.

Es geht vorwärts und bedeutet: abspielen.

Die Pfeile nach links oder rechts ermöglichen das Vor- oder Zurückspulen. Spulen? Junge Menschen würden das nicht verstehen, alte schon. Sie kennen noch die Tonbänder oder Kassetten, bei denen tatsächlich ein Band auf- oder abgespult wurde. Viele Bedeutungen, bis hin zu Begriffen, stammen tatsächlich aus dem letzten Jahrhundert.

 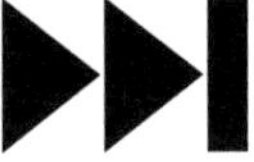

Auch wenn es keine Pfeile sind, ergänze ich das Abspielen von Medien durch die beiden Symbole für die Pause und Stopp.

 Pause  Stopp

Sobald man mehr als ein **Musikstück** auf seinem Gerät gespeichert hat und nicht immer wieder ein Stück nach dem anderen auswählen möchte, kann man 2 Optionen der Wiedergabe auswählen: Zufall oder Endlosschleife, bei der am Ende wieder von vorne begonnen wird – in der gleichen Reihenfolge der Stücke.

 Zufällige Wiedergabe

Wer sich das Bild genau ansieht, erkennt, dass sich die Pfeile kreuzen. Aus dem unteren Pfeil wird der obere – es ändert sich also etwas an der ursprünglichen Richtung. So könnte ich mir die Mischung vorstellen. Es geht also nicht immer stur geradeaus weiter.

Auch bei den beiden unteren Bildern geht es nicht nur vorwärts, sondern gewissermaßen im Kreis. Es gibt keinen Anfang und kein Ende. Auf die Musik übertragen: Sobald das letzte Stück aus der Liste gespielt wurde, beginnt das Ganze von vorne mit dem ersten Stück.

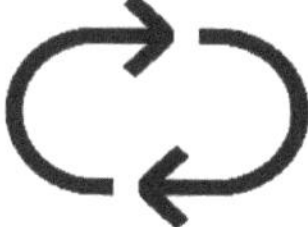 

Wiederholung, Endlosschleife

Empfehlenswert ist auch die Erstellung von Musiklisten – Playlists – für unterschiedliche Anlässe und Stimmungen. Achten Sie auch in der Musik-App auf die unterschiedlichen Informationen, wie: Interpreten, Wiedergabelisten, Titel, Album.

→ Karteikarten

Bei den digitalen Geräten ist das **Update** (sprich: Abdejd) – die Aktualisierung der Software des Betriebssystems sowie der Anwendungen (Apps) wichtig. Dies sollte auf keinen Fall vernachlässigt werden, da neue Funktionen verfügbar werden. Das Symbol dafür ist ein Kreis mit einem oder 2 Pfeilen.

Diese Art von Pfeilen oder auch Kreispfeile findet man – je nach Gerät – in der Kamera-App. Hiermit wird der **Wechsel der Kameras** symbolisiert. Es gibt die rückseitige Kamera, mit der ich ganz normal fotografiere und die Frontkamera, mit der ich mich selbst fotografieren, also ein Selfie machen kann. Einfach auf dieses oder ein ähnliches Symbol tippen und Sie sehen sich selbst im Bildschirm oder das Motiv, das sich neben Ihnen befindet.

Beim Arbeiten mit der **Maus am Notebook** zeigt der Cursorpfeil die Position des Cursors auf dem Bildschirm. Je nach Art der Arbeit mit der Maus kann der Mauszeiger unterschiedliche Formen annehmen. So findet man bei der Bildbearbeitung auf dem PC auch diesen kreisförmigen Pfeil. Damit lässt sich das Bild drehen, nachdem es markiert wurde. Mit dem schrägen Doppelpfeil – angesetzt an den Ecken – lässt sich das Bild vergrößern oder verkleinern.

Gehe ich an die Seiten – oben, unten, links, rechts – verändere ich die Proportionen. Das Motiv wird gestaucht oder gedehnt. So können Sie ganz ohne Diät schlanker werden. Gefallen Sie sich im Original doch besser, benutzen Sie einfach den Rückgängig-Pfeil oben in der Anzeige. Bilder lassen sich in Dokumente einbinden. Wenn Ihnen die Anordnung, das Layout, nicht gefällt, können Sie es verschieben. Dazu müssen Sie das Bild markieren und die Maus darüber bewegen, bis sie folgendes Symbol sehen: Darauf klicken Sie mit der linken Maustaste und schieben es an den gewünschten Platz. → **Von Mäusen und Händen**

Wer seine Bankgeschäfte Online durchführt (Online-Banking), sollte unbedingt dieses Zeichen kennen. Die Sparkasse oder Bank benachrichtigt per E-Mail, dass im Postfach des Online-Kontos eine neue Nachricht vorliegt. Diese  Datei (z. B. Kontoauszug) kann ich **herunterladen**, so dass sie sich auf meinem PC befindet. Man spricht auch von **DOWNLOAD** (sprich: Daunloot). Im Ordner mit dieser Bezeichnung finde ich die Datei anschließend und kann sie an einen beliebigen Ort auf meinem PC verschieben. Am besten in einen Ordner des Namens Kontoauszüge – Unterordner 2020.

Ebenso können Anhänge in E-Mails auf das Gerät heruntergeladen werden.

Es gibt unzählige weitere Möglichkeiten des Downloads: Musikstücke, die ich online als digitale Datei einkaufe, Rezepte von einschlägigen Internetseiten oder Radio- und Fernsehsendern – um nur einige Möglichkeiten zu nennen.

Das **Gegenteil** ist der Upload (sprich: Apploot), bei dem ich zum Beispiel Bilder ins Internet von meinem Gerät hochlade. Das wird heute massenhaft durchgeführt, wobei nicht unbedingt immer dieses Symbol zu sehen ist. Aber es werden Bilder **hochgeladen** bei WhatsApp, Instagram, Facebook und vielen anderen Anwendungen.

Ich werde beispielsweise dieses Buchmanuskript auf die Internetseite meines Verlages hochladen. Das Manuskript wird also nicht in gedruckter Form auf Papier mit der Post versendet.

Ein Pfeil, der nach oben oder nach unten zeigt – also für das Hochladen oder Herunterladen steht – in einem **Wolkensymbol**: Ich lade etwas – zum Beispiel Bilder – in eine (meine) **Cloud** (sprich: Klaut) wo sie hoffentlich sicher sind. Tatsächlich ist die Wolke ein riesiges Rechenzentrum. So wären meine Fotos auch bei einem Defekt meines Gerätes gesichert. Mit dem neuen Gerät melde ich mich erneut bei „der Wolke" an. Die Bilder werden wie-der sichtbar. Ich kann sie bei Bedarf ansehen und auch Familie und/oder Freundinnen und Freunden die „Erlaubnis" erteilen, sich meine Urlaubsfotos anzusehen.

Aber auch das Erstellen eines Fotobuches zu einem bestimmten Thema ist attraktiv. Man hat etwas in der Hand und kann es bequem durchblättern. Die gestalterischen Möglichkeiten sind heute sehr vielfältig.

Die Ampel – Farbenlehre

Grün ist an der Ampel das Signal, dass man fahren oder gehen kann. Es ist also alles klar, **ok**. Oft findet man diese Farbe in Zusammenhang mit einem Haken. Durch das Antippen  des Hakens sage ich genau dieses: alles ok. In manchen Anwendungen wird auf diesem Weg auch etwas gespeichert.

Rot dagegen lässt mich anhalten, stoppen, meinen Weg (vorläufig) beenden. Ich  finde diese Farbe auch bei Verbotsschildern. Rot kann – muss aber nicht – mit dem Kreuz verbunden sein. Damit schließe ich beispielsweise eine Anwendung.

Gelb ist die Farbe der Warnschilder. Sie erwecken meine Aufmerksamkeit und warnen mich vor Gefahrstoffen, Radioaktivität oder Strom. Auf den digitalen Geräten fordern sie Aufmerksamkeit für ein Problem: Es ist beispielsweise eine Reparatur erforderlich, ein Update oder ähnliches.

Ansonsten findet man, gerade bei den App-Symbolen, alle Farben des Regenbogens. 

Tasten – Tastatur

Smarte Tastatur

An ein Tablet oder Smartphone könnte ich natürlich – wie beim Notebook – eine Tastatur anschließen. Es gibt sogar relativ kleine, auch faltbare Tastaturen, die nicht mit dem Kabel, sondern über Bluetooth mit dem Gerät verbunden werden. Das ist in den allermeisten Fällen doch etwas lästig. Aber für diejenigen, die kein Notebook besitzen, ist dies gerade für Zuhause eine gute Ergänzung.

Auf dem Bildschirm des Tablets und Smartphones ist der Platz begrenzt. Deshalb ist nicht dauerhaft eine Tastatur sichtbar. Sie erscheint bei Bedarf.

Wenn ich eine SMS, E-Mail oder WhatsApp schreiben möchte, muss ich kurz den Bereich antippen, in den ein **Text** gehört: Das sind das Adressfeld, die Betreffzeile und der eigentliche Brief- bzw. Mail-Bereich. Dort erscheint dann der Cursor (sprich: Körser) – ein Strich, der mir anzeigt, wo der Text erscheinen wird. In der Abbildung befindet sich der Cursor im Adressfeld: An... Gleichzeitig erscheint die Tastatur, mit der ich den Text schreiben kann.

Praktisch, aber auch manchmal peinlich, ist das Schreiben von Text. Wie kann das peinlich sein? Ich

Tastatur meines Android-Smartphones

ich bin doch klar bei Verstand. Sobald Autokorrektur bzw. automatisches Ausfüllen eingestellt sind, kann schnell einmal aus dem eigentlich gewünschten Hotel ein Hotspot werden. Also lesen Sie vor dem Absenden ihren Text noch einmal kurz durch. Falls Sie dieses Verfahren nervt, können Sie es natürlich ausschalten. → **Virtuelle Schieberegler und Tasten.**

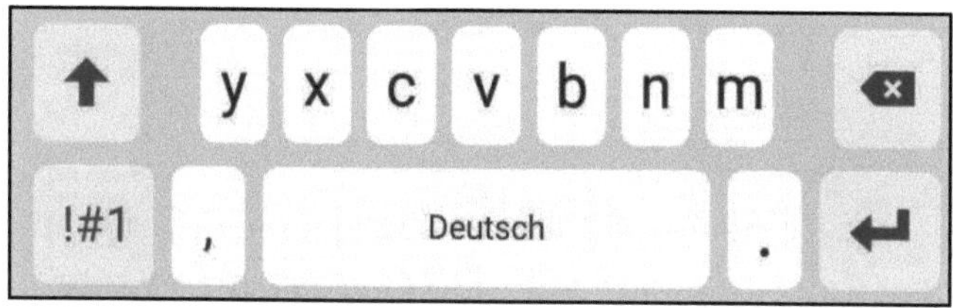

Auf der kleinen Fläche der smarten Tastatur sind nicht – wie bei einer Notebook-Tastatur – alle wichtigen Zeichen direkt darstellbar. Deshalb gibt es hier - noch mehr als dort - Zeichen auf der zweiten oder dritten Ebene. Diese merkwürdig erscheinende Taste deutet schon an, was nach dem Antippen erscheint: Sonderzeichen wie ! und ?, aber auch #, %, $ und viele andere.

Das ist die Ansicht von 2 möglichen Zeichengruppen. Tippt man auf 1/2 (links) erhält man weitere Zeichen auf der Seite 2/2.

 Diese Taste ist eine Kombination der Symbolik **rückwärts** und **löschen**. x → **Die 4 Grundrechenarten + - x :**

Sie entspricht der Pfeiltaste nach links beim Notebook.

Stellen wir uns vor, Sie wollen in einem Text folgende Worte schreiben:

Arduç - Dolmuş - Hoëcker - Ålborg – Ærø - solidarność - Łódź – España

Natürlich ließen sich die Schreibweisen alle vereinfachen – eindeutschen – aber aus Höflichkeit sollte die korrekte Schreibweise gewählt werden. Diese Sonderschreibweisen bestimmter Buchstaben finde ich auch genau dort: Bei den jeweiligen Buchstaben. Hier ist bei deren Tasten längeres Drücken erforderlich, um die weiteren Möglichkeiten zu aktivieren. In den oben genannten Fällen sind es die Buchstaben: c, s, e, A, A, o, s, c, l, o, z, n. Sie **tippen** auf den entsprechenden Buchstaben und **bleiben** mit dem Finger darauf. Die Alternativen erscheinen – und sie **ziehen** den Finger zu der gewünschten Schreibweise. In der folgenden Abbildung wurde die Taste e lange gedrückt. → **Seite 37**

Übrigens: Das Esszett – ß – finden Sie natürlich bei der Taste s.

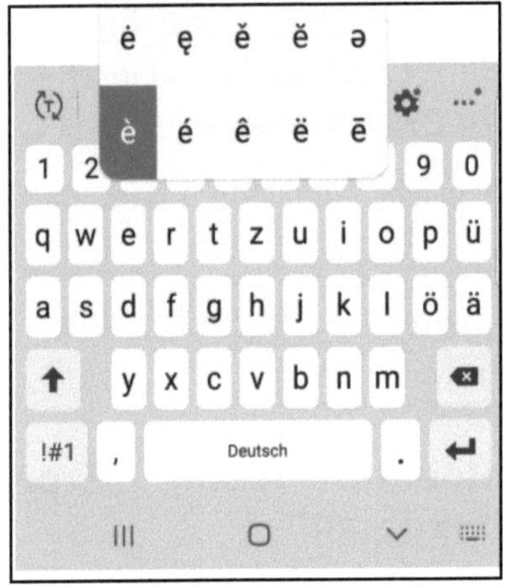

Die Tastatur von Smartphone und Tablet ähneln sich, können aber schon wegen der Gerätegröße nicht ganz identisch sein. Beim Tablet finde ich zum Beispiel rechts oben die Taste Del (Delete). Sie ist gleichbedeutend mit dem deutschen Entf (Entfernen).

→ **Entf – Del – Entfernen – Löschen**

Links unten in der Tastatur finden wir die die Taste **Crtl**. Sie ist gleichbedeutend mit der **Strg**-Taste der deutschen Tastatur – beispielsweise bei Notebooks. Wie immer, gibt es unterschiedliche Möglichkeiten etwas zu kopieren und einzufügen. Mit Hilfe der Tasten geht es aber manchmal bequemer und schneller.

→**Strg – Crtl – Steuerungstaste**

Tastatur meines Android-Tablets

Tastatur des PC und des Notebooks

Tastatur meines Notebooks

Außer den Tasten, deren Funktion eindeutig ist, gibt es einige, deren Bedeutung vielleicht noch unbekannt ist.

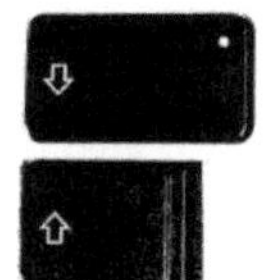

Die **Hochstelltaste** (Shift) kennen die Älteren noch von der Schreibmaschine mit Schriftkopf. Dort wurde dieses Bauteil tatsächlich in eine andere Position gebracht. Beim Drücken der Shift-Taste und gleichzeitigem Drücken einer Buchstabentaste erhalte ich Großbuchstaben. Oder aber das Zeichen, das über den Zahlen steht. Sollten GROSS-BUCHSTABEN DAUERHAFT GEWÜNSCHT SEIN, MUSS DIE DARÜBER BEFINDLICHE **FESTSTELLTASTE**

GEDRÜCKT SEIN. ERNEUTES DRÜCKEN macht dies wieder rückgängig.

Das sollte man wissen, denn bei der Eingabe eines Passwortes würde dies zu einer falschen Eingabe führen. Dieses sollte bekanntlich unter anderem aus Klein- und Großbuchstaben bestehen. Leider werden die Zeichen in den meisten Fällen nicht dauerhaft angezeigt, sondern kurz nach deren Eingabe durch Punkte ersetzt. Wer nicht bemerkt, dass die Feststelltaste betätigt wurde, fliegt nach mehrmaliger Falscheingabe aus dem System.

Sie können also Großbuchstaben mit der Hochstelltaste schreiben, aber ebenso das Anführungszeichen („) über der **2** und das Paragrafen-Zeichen (§) über der Ziffer **3**.

Nun finde ich auf diesen Zahlen-Tasten unten rechts die etwas kleinere Ziffern 2 und 3. Was es damit auf sich hat, erklärt sich, wenn Sie die die folgende Taste gleichzeitig mit der 3 drücken.

AltGr – Eine echte Alternative

(alternate graphic) alternativer Schriftsatz.

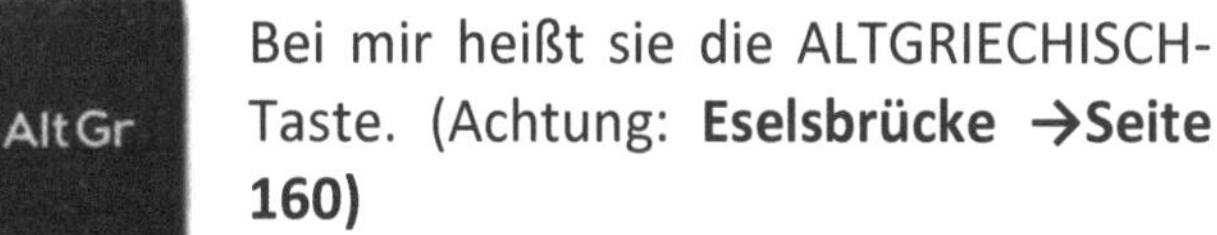

Bei mir heißt sie die ALTGRIECHISCH-Taste. (Achtung: **Eselsbrücke →Seite 160)**

Sie haben gedrückt und wundern sich? Dann schreiben Sie doch erst einmal ein kleines **m** und anschließend gleichzeitig **AltGr** (+) **3:**

$$m^3$$

Sie sehen, so können hochgestellte verkleinerte Ziffern erzeugt werden, wie man sie für Quadrat- oder Kubik-Einheiten benötigt.

Wenn Sie die Tastatur genauer betrachten, finden Sie auch das EURO-Zeichen, sowie das ÄTT-Symbol für E-Mail-Adressen auf einer der Tasten unten rechts. Auch diese erhalte ich durch gleichzeitiges Drücken der AltGr – Taste mit der entsprechenden anderen Taste, auf der sich das Zeichen befindet. Bei meiner Tastatur erhalte ich das

EURO-Symbol **€** durch Drücken von **AltGr (+) E**

Symbol **@** durch Drücken von **AltGr (+) Q**

Wenn Sie Ihre Tastatur jetzt noch etwas länger betrachten, entdecken Sie weitere Kandidaten, die darauf warten mit Hilfe der AltGr-Taste zum Leben erweckt zu werden:

Entf – Del – Entfernen – Löschen

Beide Tasten können löschen, wenn auch auf unterschiedliche Weise:

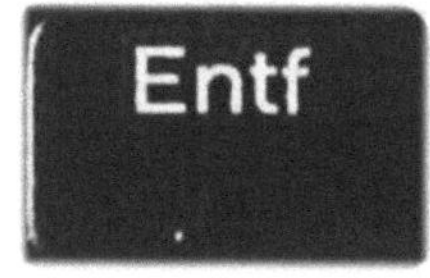

Entf entfernt etwas Geschriebenes **vorwärts**. Wenn ich beispielsweise im oben geschriebenen Text ein Wort löschen möchte, könnte ich den Cursor (das ist der blinkende Mauszeiger auf dem Bildschirm, welcher mir zeigt, wo ich mich für eine Eingabe gerade befinde) **vor** das Wort setzen und die **Entf-Taste** mehr-

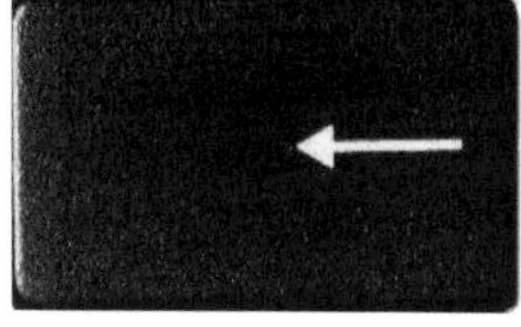

mals drücken. Das gleiche Ziel des Löschens erreiche ich, wenn ich **hinter** das Wort gehe und die **Pfeiltaste links** betätige. Meistens benutzt man diese aber zur Korrektur während des Schreibens.

Pfeiltasten

Mit dem Block der 4 anderen Pfeiltasten lässt sich der Cursor nach links, rechts, oben und unten bewegen. Gelöscht wird hierbei nichts.

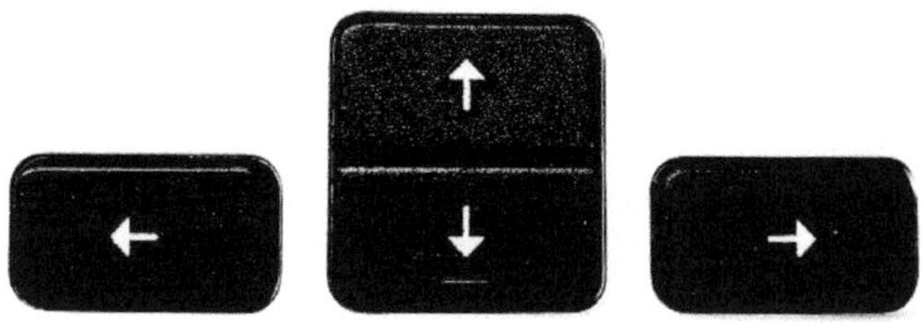

Noch mehr Pfeile – Eingabe und Tabulator

Auch diese Pfeiltaste kann mit der alten Funktion der mechanischen Schreibmaschinen erklärt werden. Dies ist die Wagenrückholtaste, entsprechend dem Wagenrückholhebel, der den Walzenwagen eine Zeile tiefer wieder an den Anfang stellte.

Bei Betätigung dieser Taste beginnen wir heute automatisch einen neuen Absatz. Wenn ich einen langen, absatzlosen Text (Fließtext) schreibe, müsste ich diese Taste nicht bedienen. Allein das ist doch ein großer Vorteil gegenüber der Schreibmaschine. Automatisch wird während des Schreibens eine neue Zeile begonnen. So ist das eben mit digitalen Geräten – die können „mitdenken".

Die Entertaste (Enter, engl., bedeutet eintreten – z.B. in ein Haus) findet man meist am Zahlenblock und hat die gleiche Funktion.

Enter spielt auch in anderen Zusammenhängen eine Rolle und bestätigt eine Eingabe.

Schließlich gibt es auf der Tastatur eine Tabulator-Taste. Sie ermöglich eine sprunghafte Bewegung innerhalb eines Dokumentes, erkennbar an der „Bremse" vor den Pfeilen. Auf den Schreibmaschinen gab es den Tabulator auch schon: um Tabellen zu erstellen. Die Abstände waren veränderbar – in den heutigen Textverarbeitungsprogrammen ebenso. Es können sich so verschiedene Spalten ergeben, in denen geschrieben wird.

| → | Datum› | → | Aufgabe | → | Person¶ |
| → | 20.05.20 | → | Einkaufen | → | ¶ |

Das könnte so aussehen. Die Pfeile, sowie das Absatzzeichen dienen als Hilfe zur Formatierung eines Schriftstückes. Sie werden nicht mit ausgedruckt. Viele stören sich an deren Anzeige. Sie lassen sich ausblenden, wenn ich sehen möchte, wie ein Dokument gedruckt aussieht. Ich finde diese Zeichen sehr hilfreich.

Natürlich könnte ich heute – anders als mit den Schreibmaschinen – gleich eine Tabelle einrichten. Innerhalb dieser springe ich zwischen den Spalten auch mit der TAB-Taste.

Druck – Bildschirmdruck (Screenshot)

Oft übersehen oder falsch interpretiert ist die Taste Druck/Drucken. Auf meiner Tastatur ist sie oben bei den Zahlen zu finden. Hiermit starte ich nicht etwa den Druck eines Briefes oder anderer Dokumente, wie ich in den 90-ern noch glaubte, sondern mache einen Schnappschuss meines Bildschirms. Ich mache es jetzt gerade und so sieht das Ergebnis aus:

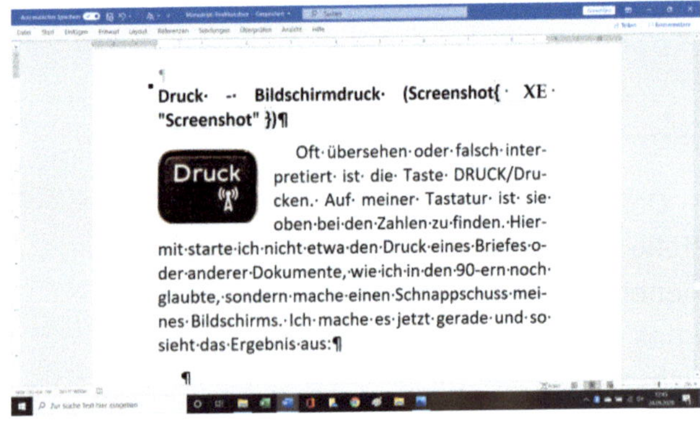

Alles, was ich auf meinem aktuellen Bildschirm sehe, befindet sich auf dem Bild. Auch die Absatzzeichen, sowie die markierten Begriffe für das Stichwortverzeichnis. Diese werden natürlich nicht gedruckt.

Wenn ich anschließend ein neues Dokument oder eine E-Mail erstelle, kann ich dieses Bild dort einfügen. Übrigens am einfachsten mit der Tastenkombination **Strg(+)v** . **→ Steuerungstaste**

 So habe ich es eben auch in diesem Dokument gemacht.

Wozu ein SCREENSHOT, der übrigens auch mit bestimmten Tastenkombinationen auf dem Smartphone oder Tablet möglich ist?

Dafür gibt es viele Gründe:

Ich kann damit die Daten einer Online-Bestellung schnell dokumentieren, ohne etwas ausdrucken zu müssen.

Ich kann einen bestimmten Vorgang, den ich gerade erst lerne, dokumentieren und in einem Dokument mit Erläuterungen versehen. Die meisten Menschen lernen besonders gut mit Hilfe von Bildern. Wenn man den Bildschirm sieht und nicht nur Text liest, lassen sich bestimmte Vorgänge – auch nach Wochen – viel besser nachvollziehen.

→ Screenshot – der Bildschirm als Foto

→ Lernstrategie

Strg – Crtl – Steuerungstaste

 Unten links sowie rechts ist die **Steuerungstaste – Strg** zu finden (englische Tastaturen: control – crtl). Sie ist beim Kopieren, Ausschneiden und Einfügen sinnvoll. Man kann sich die Arbeit mit der Maus ersparen. Die Taste STRG wird immer **gleichzeitig** mit einer anderen gedrückt. Diese Gleichzeitigkeit wird mit dem Plus-Zeichen verdeutlicht. Deshalb setze ich dieses Zeichen in Klammern.

Kopieren: Strg (+) c

Ausschneiden: Strg (+) x

Einfügen: Strg (+) v

Wiederholen: Strg (+) Y

Vergrößern: Strg (+) +

Verkleinern: Strg (+) -

Normal: Strg (+) 0 Die Ziffer Null, kein großes O

Anfang eines Dokumentes: Strg (+) Pos1

Ende eines Dokumentes: Strg (+) Ende

Seitenwechsel: Strg (+) Return-Taste

Die Größenänderung kann im Internet sehr hilfreich sein. Wenn Sie in Textverarbeitungs- oder Lesedateien unterwegs sind, haben diese andere

Möglichkeiten der Größenveränderung in der Ansicht. → **Die 4 Grundrechenarten +-x:**

Aber wie merke ich mir das?

Das Vergrößern (+) und Verkleinern (-) ist logisch. Die anderen Kombinationen aber – irgendwie – auch.

Das **c** steht für **copy**. Das bedeutet kopieren. Sie kennen sicher auch von früher die Copy-Shops, wo man Fotokopien von Dokumenten machen konnte.

Das **x** für das Ausschneiden stammt vom Präfix **ex**. Das bedeutet aus, heraus. Sie kennen es von Extraktion, Exitus. Aber auch von dem oder der Ex.

Das **v**, das für das Einfügen benutzt wird, kann ich mir auf zweierlei Weise merken: Ich habe – zugegebenermaßen – eine ziemlich blöde Eselsbrücke. Aber Eselsbrücken sollten schon ungewöhnlich sein, damit man sich deren Bedeutung besser merkt. Ich denke mir **einvügen.** Genau: So falsch

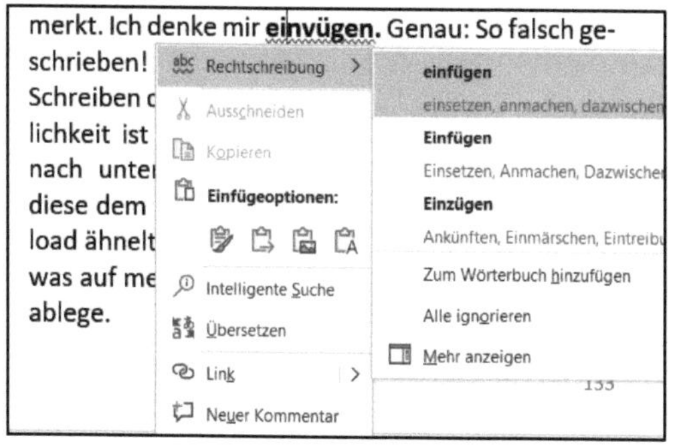

geschrieben! Und meine Rechtschreibprüfung beim Schreiben des Buches dreht durch. Die andere Möglichkeit ist die Betrachtung des Buchstaben **v** als nach unten gerichteter Pfeilspitze. Und so, wie diese dem nach unten gerichtetem Pfeil für Download ähnelt, bedeutet auch dieser Pfeil, dass ich etwas auf meinem Gerät – oder hier: im Dokument – ablege.

 Die Steuerungstaste ist aber auch die **Notfalltaste**. Wenn sich der Computer „aufgehängt" hat – wenn also gar nichts mehr geht und Chaos herrscht – nicht einmal ausschalten lässt er sich – dann drücken Sie folgende Kombination:

Strg (+) Alt (+) Entf

Der sogenannte Task-Manager (alle offenen Anwendungen) wird geschlossen.

Wie kann ich mir das merken?

Ganz einfach. Ich **steuere** den Computer so, dass ich das **Alt**e **entf**erne. Wenn Sie selbst alt sein sollten: keine Angst, Ihnen passiert dabei nichts.

Versuchen Sie es einmal. Das ist schon eine gymnastische Fingerübung. Wohl deshalb spricht man auch vom Klammergriff.

Fn – Funktionstaste

Meistens findet man auf der Tastatur neben der Steuerungstaste (Strg) die Funktionstaste (Fn).

Diese muss gemeinsam mit einer der zugehörigen F-Tasten (meistens ganz oben) gedrückt werden, um ihre Funktion zu erfüllen. Am wichtigsten, weil am häufigsten benötigt, sind die Veränderungen der Helligkeit und Lautstärke. Die entsprechenden Symbole haben Sie bereits kennen gelernt.

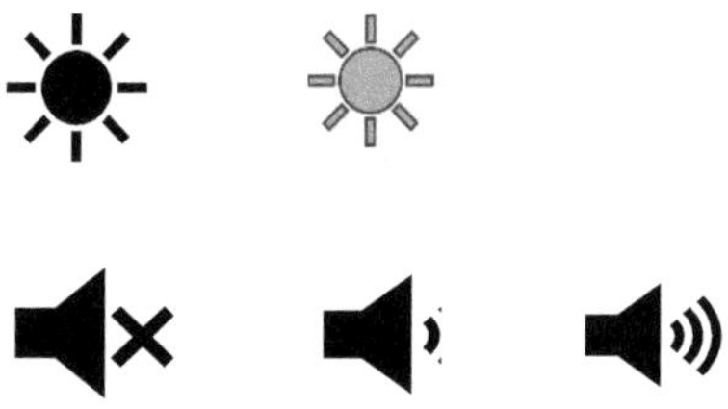

Mit meiner Tastatur müsste ich, wenn ich den Lautsprecher ganz ausschalten möchte, folgende Tastenkombination drücken:

Fn (+) F1

ESC – Escape – Abbrechen

ESC ist nicht nur der Europäische Songcontest. Escape bedeutet fliehen, entweichen. Sinngemäß ist dies ein Abbruchvorgang. Ich selbst benutze sie fast nur, um einen Vollbildmodus – zum Beispiel beim Ansehen eines Videos, zu beenden.

Im folgenden Kapitel erkläre ich, wie man sich mit Hilfe des Mausrades schnell in einem Dokument bewegen kann. Die beschriebene Funktion lässt sich auch einfach durch Drücken der Escape-Taste beenden. Ebenso hebe ich die Markierung eines Bildes auf. Für die Textmarkierung gilt dies aber nicht.

Markiertes Bild

Aber ich habe die Taste – ohne, dass ich mich genau erinnere, wofür, auch schon in anderen Zusammenhängen ganz intuitiv benutzt. Damit kann man meines Wissens nichts zerstören.
Ein kleiner Test: Ich habe gerade eben die ESC-Taste gedrückt. Es ist nichts passiert. Oder?

Von Mäusen und Händen

Die Mäuse sind auch nicht mehr das, was sie einmal waren. Viele von uns haben inzwischen eine schwanzlose – also kabellose – Maus an ihrem Notebook.

Quelle: Pixabay Clker-Free-Vector-Images

Diese müssten also eher Hamster heißen (wie komme ich gerade *jetzt* auf Hamster?).

Bei der Arbeit am Smartphone oder Tablet steuere ich das Gerät direkt mit den Fingern auf dem Bildschirm. Ich wische, scrolle und tippe.
→ **Fingerarbeit: tippen, ziehen, wischen**

Mit der Maus mache ich im Prinzip das Gleiche. Ich bewege die Maus in **alle Richtungen**, **scrolle** und **klicke**.

Die Tasten links und rechts sind – für mich - die Ohren. Viele Nutzer drücken nur auf das linke Ohr – die **linke Taste**. Diese ist natürlich wichtig. Schließlich setze ich damit den Cursor (sprich: Körser) an die gewünschte Stelle des Bildschirmes. Dieser, auch Mauszeiger genannt, kann ganz verschieden aussehen. Das Aussehen auf dem Bildschirm ist vom Bereich abhängig, in dem ich die Maus bewege.

Wichtige Mauszeiger

Im Textfeld		I
Texteingabe - blinkend		I
Link* wird an-gezeigt		👆

** Ein Link ist eine Verbindung zu einem anderen Ort. Das kann eine andere Stelle des Dokumentes sein, eine Internetseite und Vieles mehr.*

Dort, wo sich der Cursor befindet, kann ich dann – je nach Anwendung – **schreiben** oder aber etwas **markieren**. Um Text oder Bilder **bearbeiten** zu können, müssen diese markiert sein. Bei Texten klicke ich an die gewünschte Stelle – bleibe auf der linken Maustaste und ziehe mit Hilfe der Maus über den Text, soweit ich es wünsche. Die Schrift ist anschließend blau unterlegt. Oder ich markiere damit ein Bild, indem ich es kurz anklicke. Dazu gleich mehr.

Schon bei der Nutzung des **Rad**es auf der Maus hört für Viele der Spaß auf. Dabei kann ich damit auf der Seite – sei es im Dokument oder Internet – scrollen (sprich: skrollen). Dieses ist die Bewegung der Seite von oben nach unten und umgekehrt. Dazu drehe ich das Rad der Maus in meine Richtung oder von mir weg.

Eine weitere Möglichkeit – besonders sinnvoll bei mehrseitigen Dokumenten – wäre zunächst das ↕ Drücken des Rades. Nun können Sie sich durch Bewegung der Maus (rauf oder runter) schnell im Dokument „bewegen". Natürlich ist dies auch mit der Scroll-Leiste rechts möglich. Nur so lässt sich der Inhalt einer ganzen Seite anzeigen, besonders, wenn die Schrift relativ groß ist. Mir selbst passiert es aber auch nach langer Nutzung des Notebooks und Smartphones, dass ich manchmal vergesse zu scrollen. Dabei verbirgt sich häufig weiter unten, zunächst unsichtbar, erstaunlich viel einer App oder Internet-Seite.

→Mehr Sein als Schein

Aber die Maus hat noch ein rechtes Ohr – eine **rechte Taste**. Diese bleibt leider bei Vielen unbeachtet und das ist schade, denn sie ist sehr hilfreich. Gerade habe ich sie wieder benutzt. Die beiden Worte „rechte Taste" habe ich markiert, indem ich mit der linken Taste den Cursor vor das Wort

„rechte" gesetzt habe. Ich bleibe mit dem Finger auf der linken Taste und ziehe die Maus bis zum Ende des Wortes „Taste". Nun sind beide Wörter hellblau unterlegt – markiert. Wenn ich anschließend mit der rechten Maustaste darauf drücke, erscheint das unten gezeigte Bild. Ich habe eben diese Worte fett formatiert – so der Fachbegriff. Ich hätte aber auch ausschneiden, kopieren und anderes mit dem markierten Text machen können. So erhält man also schnell und bequem Zugriff auf unterschiedlichste Funktionen.

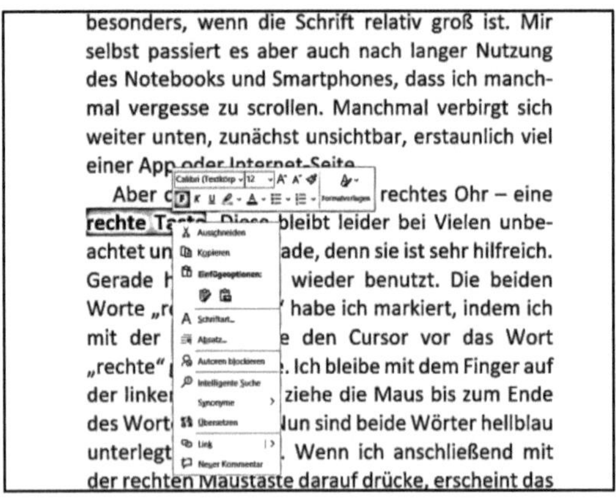

Sie haben einen Screenshot oder Foto gemacht und ärgern sich über den nichtssagenden Dateinamen? Einfach mit der rechten Maustaste auf den Namen klicken – **umbenennen** – und einen passenden Namen geben. Dazu muss die Datei aber geschlossen sein. Während ich dieses schreibe, könnte ich den Namen meiner Manuskript-Datei nicht ändern.

Auch das **Bearbeiten von Bildern** wird so vereinfacht. Oftmals hat man Bereiche an den Rändern, die abgeschnitten werden sollen – so ist es sogar meistens beim Screenshot. Sie sehen dies in dem Beispiel oben. Ich sehe alles, was auf dem Bildschirm zu sehen ist. Die Symbolleiste, Bearbeitungsleiste oben und die Taskleiste unten. Meistens möchte ich aber nur einen Teil davon sehen. Mit der **RECHTEN MAUSTASTE** klicke ich auf das Bild. Es er-

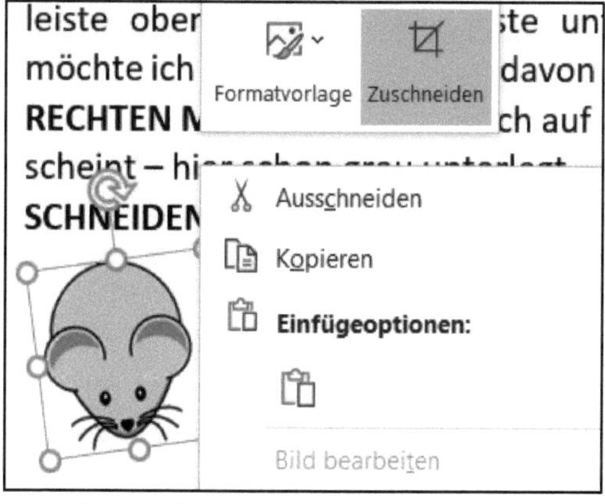

scheint – hier schon grau unterlegt – der Befehl **ZU-SCHNEIDEN**. Mit der **LINKEN MAUSTASTE** klicke ich diesen Befehl an. Mit dem Cursor, der jetzt etwas anders aussieht, lassen sich, jeweils von der

Markierung an der jeweiligen **SEITENMITTE** oder **ECKEN** beginnend, die Ränder beschneiden.

Die Proportionen bleiben dabei erhalten. Würde ich ohne den ZUSCHNEIDEN-Befehl an den Seiten ziehen, würde das Bild breiter oder höher werden. Will ich die **Größe** eines Bildes verändern, muss ich an den **ECKEN** ziehen. Ich habe hier durch Kupieren des Schwanzes aus der Maus einen Hamster gemacht. Außerdem habe ich das Bild noch etwas vergrößert. Zusätzlich wurde das Bild kopiert, verkleinert und noch zweimal kopiert, eingefügt, gestaucht, gedehnt und gedreht. Fertig ist die Hamsterfamilie.

Um es noch einmal zusammen zu fassen:

Linke Maustaste: Markierung von Text mit Basis-Formatierungsauswahl. Markierung Bild mit Positionsauswahl (Layout).
Rechte Maustaste: Nach Markierung des Textes erweiterte Formatierungsauswahl.
Bildmarkierung bei gleichzeitiger Formatierungsauswahl.
Rad: Scrollen

Mauszeiger zur Bildbearbeitung

Markiertes Bild	
Mauszeiger: drehen	
Mauszeiger: zuschneiden	
Mauszeiger: verschieben	
Mauszeiger: Größe ändern	
Mauszeiger: dehnen/stauchen	
Bild gedreht	
Bild gestaucht/ gedehnt	

Lernstrategie

Ich hoffe, dass Ihnen diese andere Art der Anleitung hilft. Sie zeigt nur einen kleinen Teil der Möglichkeiten, die Sie mit Ihrem Notebook/Laptop/PC oder Tablet und Smartphone haben. Gerade der Umgang mit den smarten Geräten  ist gewöhnungsbedürftig. Ich weiß, wovon ich spreche. Uns Älteren fällt das Lernen als solches, und das Gelernte zu behalten, relativ schwer. Wer schon Erfahrungen mit dem PC gemacht hat, ist natürlich etwas besser dran als die absoluten Anfänger. Deshalb ist eine besondere Strategie notwendig, um nicht irgendwann frustriert aufzugeben. Mal eben dies, dann wieder etwas anderes auszuprobieren, also sprunghaft die Themen zu wechseln, ist nicht zielführend. LERNEN kann man so nicht, nur einen Überblick bekommen. Am nächsten Tag haben Sie alles wieder vergessen. Und auch wenn Sie denken: "Das kann ich mir ganz einfach merken. Ich muss nichts weiter unternehmen" werden Sie feststellen, dass es eben nicht so ist. Wie mir geht es Ihnen sicher mit vielen Dingen so. In dem Moment, wo ich mir etwas merken will – notwendige Einkäufe oder Ähnliches – scheint es kein Problem zu sein. Das ist es nachweislich aber doch. Also beim nächsten Mal die Gedanken besser notieren. Und zwar so, dass man die Notiz auch wiederfindet oder sogar daran

erinnert wird. Das Lernen im höheren Alter gelingt auch nur in kleinen Schritten. Nehmen Sie sich nicht zu viel auf einmal vor.

Sie wollen Ihr neues Smartphone sinnvoll nutzen? Oder vielleicht ist auch der Umgang mit dem Computer noch unbekannt? Die **prinzipielle** Herangehensweise beschreibe ich am Beispiel des **Smartphones**. Es gibt verschiedene Möglichkeiten für Sie.

1. **Volkshochschulen** bieten Kurse an. Achten Sie aber bitte unbedingt auf folgende Punkte: Die Veranstaltungen sind ausdrücklich für Senioren konzipiert. (50+ oder ähnlich). Sie finden in wöchentlichem Abstand statt. Sie finden im Winterhalbjahr statt. Die günstigste Zeit ist vormittags. Eine dichtere Folge der Veranstaltungen mag zwar attraktiv erscheinen, weil Sie so scheinbar schnell mit dem Kursus durch sind, aber glauben Sie mir – *SO* lernen Sie nicht. Auch das Sommerhalbjahr ist wenig geeignet, es sei denn, Sie sind ein Stubenhocker. Bei schönem Wetter zieht es uns doch raus in die Natur. Wer will da schon an technischem Gerät üben. Ich nicht. Ich möchte dann nur noch das Gelernte anwenden und höchstens ein paar

Kleinigkeiten dazulernen. So ein Kursus kann also unter bestimmten Bedingungen hilfreich sein. Der Nachteil ist, dass häufig zu viel Stoff in zu kurzer Zeit vermittelt wird. Deshalb sollten Sie folgendes unbedingt beherzigen, wenn Sie einen **Kurs** belegt haben. Vormittags waren Sie im Kurs. Am Nachmittag wiederholen Sie das Kennen-Gelernte. Es ist wichtig, dass Sie noch einmal am gleichen Tag üben. Denn GELERNT haben Sie bisher noch gar nichts. Dazu brauchen Sie Wiederholungen – jeden Tag, bis zum nächsten Kurstag. Das erfordert Disziplin, aber es hilft nichts – da müssen Sie durch. Vielleicht haben Sie Glück und es fällt Ihnen nicht allzu schwer. Kinder und Jugendliche lernen schließlich auch in verschiedenen Geschwindigkeiten.

2. Am besten wäre es natürlich, wenn Sie jemanden finden würden, der Ihnen ganz persönlich hilft. So kann **individuell** auf Ihre Wünsche sowie Ihr Lerntempo eingegangen werden. Die Kinder oder Enkel sind dabei selten hilfreich. Diese haben meistens wenig Zeit und sind ungeduldig. Junge Menschen haben selten ein Gespür dafür, wie alte Menschen lernen. So ist der Frust auf beiden Seiten vorprogrammiert.

3. Machen Sie sich einen **Plan**! Schreiben Sie sich auf, was Sie – zunächst – mit dem Gerät machen wollen. Beim Smartphone vermutlich telefonieren. Natürlich kann man die Telefonnummer eintippen. Aber: Wie wird telefoniert, und wie wird das Gespräch beendet? Sinnvoller ist sicherlich das Anlegen eines privaten Telefonbuches. Es werden also **Kontakte** eingegeben.

<u>Ihr Plan könnte also zunächst so aussehen:</u>

- Telefonieren
- Kontakte
- E-Mail
- SMS
- WhatsApp
- Fotografieren

Umgang mit dem Smartphone (und evtl. Tablet)

Zunächst sollten Sie mit dem Gerät selbst vertraut werden. Einschalten, ausschalten. Das Gefühl für die empfindliche Bildschirmoberfläche muss sich langsam entwickeln. Antippen, wischen. Es ist zunächst ungewohnt und man benötigt eine gewisse Zeit, um eine App nicht mehr so stark anzutippen, als wäre deren Symbol ein realer Schaltknopf. Aber dann geht es wirklich los.

TELEFONIEREN

1. Nummer eintippen (Telefon-App/Tastatur)

2. Anwählen (Grüner Hörer)

3. Gespräch führen – evtl. Lautsprecher an

4. Auflegen (Roter Hörer)

Sie rufen täglich jemanden an und lassen sich anrufen. Dieses machen Sie mindestens 3 Tage hintereinander. Sie merken selbst, wie sicher Sie dann sind. Die Gespräche können bei Bedarf kurz sein. Es geht hierbei schließlich nur darum, die Abläufe beim Telefonieren einzuüben. Es benötigt also von beiden Seiten wenig Zeitaufwand.

KONTAKTE EINGEBEN

Sie sollten sich vorher entscheiden, ob die Kontakte direkt auf dem **Gerät**, auf der **SIM-Karte** oder in der **Cloud** (zum Beispiel Google) gespeichert werden sollen. Alles hat Vor- und Nachteile. Ist das Gerät defekt, sind auch die Kontakte weg und beim nächsten Gerät fangen Sie von vorne an. Sind die Kontakte auf der SIM-Karte gespeichert und das Gerät ist defekt, kaufen Sie ein neues und legen die aus dem defekten Gerät entfernte SIM-Karte dort ein. Damit haben Sie die Kontaktdaten reaktiviert. Für beide Fälle gilt allerdings: bei Verlust des Gerätes sind alle Kontakte weg. Am bequemsten ist es, die Kontakte in der Cloud zu speichern. Wer jetzt wegen des Datenschutzes in Panik gerät, darf dann auch nicht das beliebte und weit verbreitete WhatsApp anwenden. Ich habe mich für die Cloud-Lösung entschieden. Als ich nach 4 Jahren ein neues Smartphone kaufte, meldete ich dort mein Google-Konto an und alle Kontakte sowie der ewige Geburtstagskalender erschienen auf dem neuen Gerät.

Sollten Sie sich für die letzte Variante entscheiden, müssen Sie ein Google-Konto mit E-Mail-Adresse und Passwort erstellen. Wenn ein Notebook und/oder Tablet vorhanden ist, würde ich die Eingabe an diesen Geräten vornehmen. Die Tastatur ist größer und damit die Eingabe bequemer. Sie können diese Daten dann auf allen Geräten sehen, bei denen das entsprechende, in diesem Fall Google-Benutzerkonto, angemeldet ist. Bei mir sind es Smartphone, Tablet und Notebook.

Neben der Telefonnummer können Sie auch die E-Mail- sowie Postadresse und weitere Daten eingeben. Lassen Sie sich auch zeigen, wie Sie ein Foto zum Kontakt hinzufügen. So können Sie bei einem Anruf sofort am Bild erkennen, wer anruft. Für Institutionen, Ärzte und Handwerker kann man auch Symbole auswählen. Nachdem man Ihnen gezeigt hat, wie der Kontakt angelegt wird, wiederholen Sie dies so oft in Gegenwart Ihrer Hilfe, bis Sie sich für den Moment sicher fühlen. Machen Sie sich parallel Notizen und/oder einen Screenshot. Noch am

gleichen Tag geben Sie 2-3 weitere Kontakte ein. Aber niemals sollten Sie alle Ihre Kontakte am gleichen Tag eingeben. Sie verteilen dies über den Zeitraum von etwa einer Woche. Das kostet nicht viel Zeit. Sie werden aber merken, wie Sie täglich sicherer werden. Wenn Sie Kontakte eingeben, ohne auf die Notizen zu sehen, haben Sie es GELERNT. Sie können es auch dann noch, wenn Sie eine Woche später einen weiteren Kontakt hinzufügen.

UMGANG MIT DEN KONTAKTEN

Ausgehend von den Kontakten können Sie wählen, in welcher Form Sie Kontakt aufnehmen. Voraussetzung sind die prinzipiellen Möglichkeiten auf beiden Seiten. Das heißt, dass die kontaktierten Personen die entsprechenden Geräte und teilweise auch Apps haben müssen. Ausgehend von den **Kontakten** können sie folgendes machen:

- Telefonieren

- SMS schreiben

- E-Mail schreiben

- Videotelefonie

Zunächst sollte das Telefonieren geübt werden, denn nach Erstellen von Kontaktdaten wird ja keine Telefonnummer mehr eingegeben. Es gestaltet sich also etwas anders. Dies üben Sie am besten wieder

mit der Person, die Ihnen hilft, mit dem Gerät um-
zugehen.

E-Mail

Sie haben automatisch eine E-Mail-Adresse,
wenn Sie, da Sie ja ein Android-Gerät besitzen, bei
Google angemeldet sind. Dieses ist notwendig,
wenn Sie im Playstore weitere Apps herunterladen
wollen. Sollten Sie bereits eine Adresse bei einem
anderen Anbieter haben, laden Sie unbedingt dessen App auf das Smartphone (und Tablet). So können Sie jederzeit sehen, ob Sie eine Mail erhalten
haben und können diese kurz lesen. So muss nicht
extra das Notebook hochgefahren werden. Der re-
ale Postbriefkasten, der einen Brief enthält, muss
aufgesucht werden, um den Brief lesen zu können.
Bin ich nicht zuhause, komme ich auch nicht an
meine Post. Bei E-Mails ist dies anders. Auf all meinen Geräten kann ich, die entsprechende App vorausgesetzt, die eingegangene Post lesen. Ich persönlich lese sie auf 3 Geräten. Die kleine Tastatur
des Smartphones lädt allerdings nicht gerade zum
Schreiben ein, aber für eine kurze Antwort würde
es reichen. Zum Schreiben selbst sind die größeren
Geräte besser geeignet.

Auch der Umgang mit E-Mails sollte täglich geübt
werden: Lesen, antworten, schreiben, Anhang zufü-
gen, Anhang herunterladen. Das machen Sie bitte
auch mit einer geduldigen Vertrauensperson – hin

und her. Auch wieder etwa eine Woche lang. Dabei geht es nicht darum, viel Text zu schreiben, sondern erneut nur um die Abläufe.

SMS

Eine kurze Textnachricht schreiben. Das ist schnell und einfach. Sie können entweder aus dem Kontakt heraus starten oder von der Kurznachrichten-App.

Video-Telefonie

Eine schöne Sache, die aber am besten wegen des hohen Datenverbrauches über eine WLAN-Verbindung erfolgen sollte. Die entsprechenden Apps müssen bei Sender und Empfänger erst aktiviert werden. Dann kann es losgehen und man kann sich beim Telefonieren hören und sehen.

Wie geht es weiter?

Wenn Sie sich halbwegs fit fühlen im Umgang mit den Kontakten, ist die Zeit für weitere Anwendungen / Apps gekommen. Welche das sein werden, hängt ganz von Ihren Bedürfnissen ab. Die Anzahl von Apps ist riesig. Schon auf dem Gerät sind viele Anwendungen zu finden. Weitere können über den sogenannten Play Store (bereits auf Ihrem Gerät) meistens kostenlos installiert werden. Es gibt die **Kamera**, Wetter-Apps, Hilfen bei körperlichen Beeinträchtigungen, die Möglichkeit **Fahrkarten** beim Nahverkehrsverbund oder der Deutschen Bahn zu kaufen (übrigens viel einfacher als mit dem Fahrkartenautomaten) und Vieles mehr.

Das Tablet ist besonders gut geeignet, **Zeitungen und Zeitschriften** in elektronischer Form zu lesen. Gerade für Ältere, deren Sehkraft nachlässt, ist das kontrastreichere und klarere Schriftbild ein Gewinn. Ein weiterer Vorteil ist die Möglichkeit der Schriftvergrößerung.

Sollten Sie ein Notebook/Laptop/PC besitzen, probieren Sie neue Möglichkeiten mit den in diesem Buch beschriebenen Tasten und der Maus aus.

Ich empfehle Ihnen die Anlage eines digitalen Ordners mit dem Namen Notebook–Smartphone oder ähnlich. Darin angelegt sind eine oder mehrere Dateien Ihrer Textverarbeitung mit den Namen Notebook, Smartphone, Tablet. Je nachdem, welche Geräte Sie haben. Dort hinein können Sie die zunächst handgeschriebenen Anleitungen schreiben, Screenshots einbinden, sowie zusätzliche Tipps. Abspeichern – und Sie haben bald eine gut sortierte Sammlung von individuellen Gebrauchsanweisungen. Das ist besser als unlesbare Zettel, die fast immer die Eigenschaft haben, verloren zu gehen.

Und denken Sie bitte daran: Wenn Sie in der Lage sind einen Screenshot auf den Geräten zu machen und per E-Mail zu verschicken, kann Ihnen bei Problemen viel besser und schneller geholfen werden. Bilder sagen oft mehr als Worte.

Wahrnehmung

Kennen Sie die gestörte Wahrnehmung, die uns alle einmal befällt? An einem bestimmten Ort erscheint uns plötzlich etwas anders zu sein. Aber was? Es will uns einfach nicht einfallen, obwohl wir es täglich gesehen haben. Bei Nachfrage erinnert sich jemand und klärt uns auf. Da stand gestern noch ein Verkehrsschild, dort hing ein Bild und hier lag eine Decke. Nun ist es weg. Im umgekehrten Fall, wenn also etwas neu hinzukommt, nehmen wir diese Änderung viel eher wahr.

So tritt auch beim Gebrauch des Smartphones mit seinen Apps der Gewöhnungseffekt ein. Zu Beginn gibt genug Probleme, sich auf den für mich – zunächst – wichtigsten Gebrauch zu konzentrieren. Später registriert man die im Prinzip oft gesehenen 3 Punkte, die 3 Striche gar nicht mehr. Man muss sich vornehmen, **ganz bewusst zu sehen** und alle Bereiche wahrzunehmen. Nur so werden Sie Ihren Horizont erweitern und sich noch sicherer fühlen können.

Ich selbst war vor Kurzem irritiert, als ich eine E-Mail vom Tablet aus verschicken wollte. Bisher stand dort immer das Wort SENDEN. Es fehlte.

Apps werden – genau wie die Software des Android-Betriebssystems – in regelmäßigen Abständen aktualisiert. Es wird ein Update (sprich: Appdäit) gemacht. Das hat zur Folge, dass meistens auch mehr Speicherplatz benötigt wird, da die Apps umfangreicher, komfortabler und häufig auch sicherer werden. Manch einer aus meinem Bekanntenkreis hat sich gewundert, weshalb auf dessen Smartphone die Meldung nach zu wenig Speicherplatz kam. Auch wenn man alle Fotos löscht, reicht der Platz irgendwann nicht mehr.

Aber auch die äußeren Merkmale einer App können sich verändern und aus dem Wort SENDEN wird das Symbol der Papierschwalbe. Ich selbst hatte, wie oben erwähnt, zunächst Probleme, von meinem Tablet eine E-Mail zu verschicken, weil ich im Gewohnheitsmodus unterwegs war. Die Seite hatte sich verändert und ich erinnerte mich schließlich an meinen eigenen Ratschlag: Ganz genau hinzusehen. Ich fand das neue Symbol und konnte – mit Verzögerung – die Mail verschicken.

Durch diese immer wieder notwendige Anpassung müssen wir erneut lernen. Und das ist auch gut so: So bleibt auch das alte Gehirn auf Betriebstemperatur. Wir sollten dieses also positiv sehen und uns nicht ärgern.

Sehschule

Es wird also wichtig sein, sehen zu üben. Das hat jetzt nichts mit Ihrem Sehvermögen zu tun. Vielmehr geht es um Wahrnehmung dessen, was auf dem jeweiligen Bildschirm zu sehen ist. Unser Blick orientiert sich meistens auf das Zentrum. Dabei sind es gerade häufig die Ränder, an denen wichtige Informationen und/oder Einstellungen zu finden sind. Nur bewusstes Ansehen aller Bereiche zeigt Ihnen die Vielfalt. Nehmen Sie sich deshalb bitte gelegentlich die Zeit, um ganz in Ruhe die jeweiligen Apps oder Webseiten anzusehen – Symbole und Karteikartenreiter. Sie werden staunen, was Sie entdecken.

Nachdem Sie zunächst einmal die wichtigen Grundlagen Ihres Gerätes kennen gelernt haben, sollten Sie ganz entspannt auf Entdeckungsreise gehen.

Weitere Anwendungen

Ein Smartphone ist smart, weil es intelligent und pfiffig ist. Es ist ein Gerät, für dessen umfangreiche Funktionen wir früher zahlreiche verschiedene Geräte benötigten.

Hier einige Beispiele, was noch alles mit dem Smartphone möglich ist:

Diktiergerät - Notizheft

Kennen Sie das? Sie machen einen entspannten Spaziergang und Ihnen fällt endlich der Text zu einem Gedicht ein, das Sie demnächst bei einem Geburtstag vortragen wollen. Sie haben aber keinen Schreiber und Papier zu Hand, um dieses zu notieren, ehe Sie es wieder vergessen haben. Hoffentlich befindet sich Ihr Smartphone in der Tasche.

Sprechen Sie auf das **Diktiergerät** des Smartphones. Wenn Sie jetzt aber die Sorge haben, dass Sie wiederum nicht mehr daran denken, den aufgesprochenen Text abzuhören, können Sie als Stütze den Timer (Küchenwecker) auf 3 Stunden stellen. Der klingelt dann, wenn Sie wieder zuhause sind.

Oder Sie schicken sich selbst eine SMS mit dem Stichwort „Gedicht".

Jedes Smartphone besitzt aber auch eine **Notiz-App**. Wenn es nicht zu viel Text ist, wofür das Diktiergerät dann sinnvoller wäre, tippe ich kurz ein paar Stichworte hinein. Sie können aber auch direkt auf der Fläche mit dem Finger schreiben. Achten Sie auf die dortigen KARTEIKARTEN zur Einstellung des Schreibmodus.

Uhr

Das Smartphone ist eine Uhr, Wecker, Timer und Stoppuhr.

Taschenrechner

Schnell einmal etwas ausrechnen. Kein Problem – den Taschenrechner haben Sie immer dabei.

Taschenlampe

Sie kommen im Dunklen nach Hause und finden das Schlüsselloch nicht. Licht an. Sie haben schließlich eine Taschenlampe dabei.

Wo bin ich? GPS und Navi

Diese Frage kann man sich an fremden Orten durchaus einmal stellen. Mit Ihrem GPS im Smartphone wird Ihnen in der Karte (Maps) der Standort angezeigt. Wenn Sie das Navigationssystem starten und als Ziel den Parkplatz, das Hotel oder eine Sehenswürdigkeit eingeben, wird Ihnen der Weg gezeigt – und – auf Wunsch – auch angesagt. Achten Sie auf das Fortbewegungsmittel: Auto, Fahrrad oder Fußgänger. → **Seite 86**

Musik, Radio und Fernsehen

Die Musiksammlung auf dem Smartphone, Radio und Fernsehen mit Hilfe der entsprechenden App: All das ist möglich. Dazu ein guter (kabelloser) Bluetooth-Lautsprecher, denn der Klang des kleinen Gerätes ist nicht perfekt. Bluetooth-Lautsprecher gibt es sowohl als Kopfhörer, als auch als Standgerät. Radio- und Fernsehsender bieten ebenfalls Apps an.

Spiegel

Das Smartphone ist auch ein Spiegel, wenn auch kein herkömmlicher. Kurz vor einem Termin wollen Sie noch einmal einen Blick auf die Frisur werfen? Gehen Sie mit der Kamera in den Selfie-Modus.

Kontakte ergänzen mit Hilfe eines QR-Codes

Irgendwann – als ich wieder einmal etwas genauer hinsah – entdeckte ich bei meinen Kontakten unten links einen QR-Code. In diesen merkwürdig gemusterten Quadraten lassen sich einige Informationen unterbringen. Man kann diese, so wie ich in diesem Beispiel, im Internet online erstellen lassen – für wenig Geld oder sogar kostenlos. So könnte man

sich beispielweise eine digitale Visitenkarte erstellen lassen. Diese können Sie natürlich auch ausdrucken. So lassen sich bei Ihrem Visitenkartenempfänger Ihre Kontaktdaten auslesen und speichern. Auf diese Weise lassen sich Übertagungsfehler beim Schreiben oder Tippen vermeiden.

Der QR-Code bei den Kontakten wird automatisch erstellt und kann von einem anderen Smartphone – wenn es dazu in der Lage ist – ausgelesen und den Kontakten zugefügt werden. Ich habe es gerade ausprobiert.

Tipps und Tricks

Eselsbrücken

Immer, wenn festgestellt wird, dass man sich etwas nicht merken kann, empfehle ich eine Eselsbrücke.

Wie erstelle ich eine Eselsbrücke?

Möglichst ungewöhnlich.

Ich kann beispielsweise Buchstaben mit deren Stellung im Alphabet verknüpfen.

A	B	C	D	E	F	G	H	I	J
1	2	3	4	5	6	7	8	9	0

Sie benötigen für Ihre (neue) SIM-Karte, die Sie in das Smartphone einlegen eine neue – mindestens – vierstellige **PIN** (**P**ersönliche **I**dentifikations-**N**ummer). Diese sollte für Fremde nicht ohne Weiteres zu erraten sein. Also bitte nicht 1 2 3 4 . Bilden Sie aus 4 der obenstehenden Buchstaben ein Wort, von dem Sie meinen, es sich gut merken zu können. Zusätzlich können Sie dieses noch mit einer Aussage verknüpfen. Falls Sie Pessimist sind:

B A C H: Das geht sowieso alles den Bach runter!

Es ergeben sich die Zahlen: **2 1 3 8**

Sie können vor der Eingabe der Ziffern die Buchstaben schnell mit den Händen abzählen. Vermutlich merken Sie sich die ja häufig benötigte PIN aber auch ohne die Eselsbrücke schnell. Sie wird schließlich täglich verwendet. Und genau das macht das Lernen aus: Üben, üben, üben – im Sinne von wiederholen, wiederholen, wiederholen.

Ich kann Zahlen mit Bildern verknüpfen, deren äußeres Merkmal einen Bezug zur Zahl herstellt. Die Kerze und der Schwan sehen ähnlich aus, wie die 1 und die 2. Der Koffer hat 4 Ecken, die Hand 5 Finger, die Biene 6 Beine. Die Kegel symbolisieren „alle Neune".

Die Abfolge der Bilder, sowie deren Verwendung in einer kleinen Geschichte, ermöglichen das Merken langer Zahlenreihen.

Bleiben wir einfach bei dem kleinen Beispiel der PIN von oben.

2 1 3 8 

Nun könnte ich mir eine verrückte Geschichte ausdenken, die sich gut merken lässt: In der Dämmerung mache ich einen Spaziergang zum See. Dort erkenne ich gerade noch einen **Schwan** (2), bevor es dunkel wird. Deshalb zünde ich eine **Kerze** (1) an. Damit sehe ich noch so viel, um mit dem **Dreizack** (3) eine Forelle aus dem See zu fangen. Dann ist meine **Zeit abgelaufen** (8), weil es stockfinster geworden ist. Mit der Taschenlampe des Smartphones gehe ich zurück und brate den Fisch.

Die erdachten Geschichten sollte man versuchen, wie einen Film, im Geiste abzuspeichern. Ein Bezug zum Objekt – hier die PIN des Smartphones – ist ebenfalls hilfreich.

Passwörter, die ich im Internet – zum Beispiel beim Einkaufen – verwende, müssen meist mindestens 8 Zeichen haben, außerdem Zahlen und Sonderzeichen. Wer diese **Passwörter** aus Sicherheitsgründen nicht auf dem Gerät speichern möchte, muss sie gut verwahren. Natürlich schreibt man diese in ein Heft und lagert es an einem sicheren Ort.

Bei häufig verwendeten Passwörtern kann ich zum Merken ungewöhnliche Sätze formulieren. Denn das Passwort sollte so beschaffen sein, dass ich es mir kaum merken könnte, da es überhaupt kein Sinn ergibt. Die Anfangsbuchstaben (hier ist Groß- und Kleinschreibung wichtig) des Merksatzes bilden mit Zahlen und Sonderzeichen das Passwort.

Wann bekam ich meinen ersten Hund?1973!

WbimeH?1973!

Ich stelle also eine Frage und gebe die Antwort. Da ich frage, habe ich ein Fragezeichen als notwendiges Sonderzeichen. Die Antwort erhält zusätzlich ein Ausrufungszeichen.

An dieser Stelle erinnere ich noch einmal an die Problematik der Passworteingabe. Wenn möglich, sollten Sie dieses sichtbar machen. Manchmal finden wir das AUGE-Symbol → **Bilder, die sich – fast –selbst erklären.** Leider meistens nicht. Dann ist volle Konzentration angesagt. Denn kurz nach der Eingabe des ersten Zeichens verwandelt es sich in einen Punkt.

●

Kurz vor Ende der Eingabe sieht das Feld für unser Passwort **WbimeH?1973!** so aus:

●●●●●●●●●●●!

Dann wird auch das letzte Zeichen zum Punkt. Seien Sie also hoch konzentriert und sehen sich das eingegebene Zeichen vor seinem Verschwinden genau an.

Fotos als Lese- oder Erinnerungshilfe

Ein Foto ersetzt Papier und Stift. Außerdem verhindert es beim Schreiben Übertragungsfehler.

Hier nur einige Tipps:

- WLAN-Schlüssel (Passwort des Routers)
- Beipackzettel von Medikamenten
- Typenschild eines Gerätes
- Fahrplan
- Info-Schild
- Adresse in einem Schreiben
- Bestimmungen von Pflanzen und Tieren

Die Kamera wird auch genutzt, um Rechnungen bei der PKV und Beihilfe einzureichen. Mit einer Scan-App nutze ich sie inzwischen auch als **Scanner**.

Assistent auf dem Smartphone

Neuere Smartphones haben Assistenzsysteme, mit denen ich die Bedienung erleichtern kann. Dazu gehört auch die mögliche Spracheingabe.

Ich wurde von einem 94-Jährigen um Hilfe gebeten, dem es nicht gelang, ein Telefongespräch auf dem Smartphone anzunehmen. Die kombinierte

Bewegung aus drücken und wischen wollte ihm nicht gelingen. Anderen dagegen schon. Am Gerät lag es also nicht.

Ich recherchierte und wurde bei den **EINSTEL-LUNGEN** unter **EINGABEHILFE** fündig. Die Gesprächsannahme lässt sich so einstellen, dass man auf den grünen Hörer nur kurz tippt. Ich habe zusätzlich probehalber ein Assistenzsystem auf meinem Smartphone aktiviert. Es ist geblieben, weil es praktisch ist. Das Symbol des **ASSISTENTEN** befindet sich halbtransparent auf dem Bildschirm und lässt sich leicht verschieben, falls es stört. Dort antippen und ich kann beispielsweise durch einen Fingertipp einen Screenshot machen, die Lautstärke verändern und einiges mehr. Das ist viel weniger nervig als der übliche Weg über das Drücken der Tasten. Wer, wie ich, Arthrose in den Fingern hat, freut sich über jede Erleichterung.

Und schließlich konnte ich dem alten Herrn mit dieser Einstellung helfen.

Wenn gar nichts mehr geht

Manchmal geht gar nichts mehr. Das Gerät hat sich „aufgehängt". Es reagiert nicht mehr auf Tastendruck. Machen Sie einen Neustart. Das ist eine Option beim Ausschalten des Gerätes: es wird also gleichzeitig aus- und anschließend wieder einschalten.

Oder aber der Router für das WLAN macht Probleme, was Sie an der fehlenden Verbindung bemerken. Das muss nicht, aber kann am Router liegen. Hier hilft vielleicht – bei mir relativ häufig – Stecker ziehen, 1 Minute warten und den Stecker wieder in die Steckdose stecken. Nach einigen Minuten hat sich die Verbindung wieder aufgebaut.

Weitere WLAN-Probleme können aber auch am Gerät selbst liegen. Zuerst sollte man bei den Einstellungen nachsehen, ob WLAN überhaupt eingestellt ist. Dann sieht man sich an, ob eine Verbindung mit dem Router besteht. Das ist manchmal nicht der Fall. Es muss neu gesucht werden und irgendwann taucht der Name meines Routers auf und die Verbindung wird hergestellt. Hier noch ein Tipp: Die Router haben zunächst als „Namen" eine Buchstaben-Ziffern-Kombination. Dies lässt sich ändern. Geben Sie ihrem persönlichen WLAN-Netzwerk auch einen persönlichen Namen. Besonders in einem Mietshaus mit vielen WLAN-Signalen, die Ihre Geräte auch empfangen, aber wegen des Schutzes (Verschlüsselung) nicht verwenden können, ist es bei der Suche nach dem eigenen Netzwerk hilfreich, nicht umständlich Buchstaben und Ziffern identifizieren zu müssen.

Nachwort

Ich betone ausdrücklich, dass ich mit meinen Beispielen keinen Anspruch auf Vollständigkeit erhebe. Ich beschreibe nur, was ich selbst nutze. Außerdem gibt es auch fast immer mehrere Möglichkeiten, um zu einem gewünschten Ziel zu kommen. Jede und Jeder sollte für sich das Optimale der Geräte herausfinden und nutzen. Vielleicht kommen nach und nach weitere Anwendungen und Erkenntnisse hinzu. Auch ich lerne noch, probiere Neues aus. Entweder ich bleibe dabei oder ich verwerfe es. Manches lehne ich für mich ab – wie WhatsApp – anderes nutze ich ausgesprochen gerne, wie die Bahn- und Nahverkehrs-Apps – auch im Ausland. Ich wünsche Ihnen in Zukunft mehr Mut und Neugier beim Erkunden der Anwendungsmöglichkeiten auf Ihrem Smartphone, Tablet oder Notebook. Und verzagen Sie nicht, wenn es nach Updates erneut zu Veränderungen kommt.

Sollten Sie Fehler entdeckt, weitere Tipps oder Fragen haben, schreiben Sie mir gerne:

monika_sintram-meyer@t-online.de

Die E-Mail von Ihnen werde ich dann – je nach Situation – auf meinem Smartphone, Tablet oder Notebook lesen.

Stichwortverzeichnis

Quellen

Zur Erweiterung meiner Kenntnisse habe ich in der Vergangenheit und teilweise während des Schreibens dieses Buches folgende Webseiten verwendet:

https://www.google.de/

https://www.wikipedia.de/

https://www.chip.de/

Bildernachweis

Fotos, Collagen, Diagramme: Monika Sintram-Meyer

Illustrationen: Lizenzfreie Bilder (Pixabay)

Screenshots: Erstellt mit meinem Android-Smartphone und Tablet von Samsung sowie mit meinem Windows 10 - Notebook.

Hinweis

Ich mache keine Werbung und habe auch keine Einnahmen durch Nennungen von Herstellerfirmen.

Danksagung

Ich danke Peter, Ulli und Günter, die mir immer wieder – bewusst und unbewusst – Anregungen gegeben sowie das Lektorat übernommen haben. Aber auch Sigrid und Rainer machten mir mit ihren Fragen deutlich, wie andere ältere Menschen sich dem Smartphone annähern.

Der Verlag hat mich bei der Veröffentlichung meines zweiten Buches erneut professionell unterstützt – insbesondere Herr Esquivel. Danke dafür.

Und noch ein Dank. Mein ehemaliger Kollege Peter H. klärte mich irgendwann in den 1990-er Jahren über die Funktion der Drucktaste auf der PC-Tastatur und damit des später so genannten Screenshots auf. Was wäre dieses Buch ohne diese Abbildungen des Bildschirmes?

Posthum danke ich auch Alfred, der mit 94 Jahren geistig noch hellwach und neugierig war. Als er in diesem Jahr auf die Pflegestation kam, war eine seiner größten Sorgen das dort fehlende WLAN. Das war hier nicht vorgesehen – so kurz vor dem Tod. Sein Sohn und ich besorgten einen mobilen WLAN-Router, mit dem seine Geräte – Notebook, Tablet, E-Book-Reader und Smartphone verbunden wurden. So konnte er auch an seinen letzten Tagen mit der Außenwelt in Kontakt bleiben.